JN312157

システム制御工学シリーズ 9

多変数システム制御

工学博士 池田 雅夫
博士(工学) 藤崎 泰正 共著

コロナ社

システム制御工学シリーズ編集委員会

編集委員長　池田　雅夫（大阪大学・工学博士）
編 集 委 員　足立　修一（慶應義塾大学・工学博士）
　（五十音順）　梶原　宏之（九州大学・工学博士）
　　　　　　　　杉江　俊治（京都大学・工学博士）
　　　　　　　　藤田　政之（東京工業大学・工学博士）

（2007年1月現在）

刊行のことば

　わが国において，制御工学が学問として形を現してから，50年近くが経過した．その間，産業界でその有用性が証明されるとともに，学界においてはつねに新たな理論の開発がなされてきた．その意味で，すでに成熟期に入っているとともに，まだ発展期でもある．

　これまで，制御工学は，すべての製造業において，製品の精度の改善や高性能化，製造プロセスにおける生産性の向上などのために大きな貢献をしてきた．また，航空機，自動車，列車，船舶などの高速化と安全性の向上および省エネルギーのためにも不可欠であった．最近は，高層ビルや巨大橋梁（きょうりょう）の建設にも大きな役割を果たしている．将来は，地球温暖化の防止や有害物質の排出規制などの環境問題の解決にも，制御工学はなくてはならないものになるであろう．今後，制御工学は工学のより多くの分野に，いっそう浸透していくと予想される．

　このような時代背景から，制御工学はその専門の技術者だけでなく，専門を問わず多くの技術者が習得すべき学問・技術へと広がりつつある．制御工学，特にその中心をなすシステム制御理論は難解であるという声をよく耳にするが，制御工学が広まるためには，非専門のひとにとっても理解しやすく書かれた教科書が必要である．この考えに基づき企画されたのが，本「システム制御工学シリーズ」である．

　本シリーズは，レベル0（第1巻），レベル1（第2～7巻），レベル2（第8巻以降）の三つのレベルで構成されている．読者対象としては，大学の場合，レベル0は1，2年生程度，レベル1は2，3年生程度，レベル2は制御工学を専門の一つとする学科では3年生から大学院生，制御工学を主要な専門としない学科では4年生から大学院生を想定している．レベル0は，特別な予備知識なしに，制御工学とはなにかが理解できることを意図している．レベル1は，少

し数学的予備知識を必要とし，システム制御理論の基礎の習熟を意図している．レベル2は少し高度な制御理論や各種の制御対象に応じた制御法を述べるもので，専門書的色彩も含んでいるが，平易な説明に努めている．

1990年代におけるコンピュータ環境の大きな変化，すなわちハードウェアの高速化とソフトウェアの使いやすさは，制御工学の世界にも大きな影響を与えた．だれもが容易に高度な理論を実際に用いることができるようになった．そして，数学の解析的な側面が強かったシステム制御理論が，最近は数値計算を強く意識するようになり，性格を変えつつある．本シリーズは，そのような傾向も反映するように，現在，第一線で活躍されており，今後も発展が期待される方々に執筆を依頼した．その方々の新しい感性で書かれた教科書が制御工学へのニーズに応え，制御工学のよりいっそうの社会的貢献に寄与できれば，幸いである．

1998年12月

編集委員長　池田雅夫

まえがき

　本書は，多変数システム制御の基本として，制御対象の状態方程式表現に基づく制御系設計法の概要をまとめたものである。その特徴は，フィロソフィ(哲学)から出発して，具体的な理論的成果および制御系設計例までを，一貫したスタイルで記述している点にある。

　従来の制御理論の教科書では，それが「理論」であることを重視し，定理を述べてその証明を与えるという記述であることが多い。それに対して本書では，定理・証明のスタイルを採用せず，何を目的に何をするかという「考え方」を重視し，たとえ式を読み飛ばしたとしても，「小説」のように通読でき，制御の本質が理解できる教科書となることを目指した。章立てにおいては，モデリングと制御系設計の例を与えてから，その根拠となる理論を詳しく説明し，最後に再び制御系設計例を紹介することにより，多変数システム制御の枠組みが容易につかめるようにした。

　状態方程式表現に基づくアプローチの中核をなす設計法は，最適レギュレータ，状態推定，サーボ系である。本書では，それらについて，基本的な考え方から，実際問題への適用において有用な設計法までをまとめた。特に，最適レギュレータでは，Riccati方程式の性質から導かれる特徴，評価関数の意味とその選択の考え方，そして時間領域における設計と周波数領域における設計の関係も記述した。また，状態推定に関しては，実際問題において有用な未知入力オブザーバや外乱推定オブザーバまでを説明し，オブザーバを用いた閉ループ系のロバスト性についてもふれた。サーボ系では，内部モデル原理をまとめるだけでなく，最適サーボ系やその2自由度構成，入出力数が異なる場合の取扱いも紹介した。これらの点については類書は少ない。本書のこのような特徴が，多変数システム制御を学び，実際問題に適用しようとする読者に参考になれば

幸いである。

　なお，本書は，著者らのこれまでの研究成果とともに，大阪大学および神戸大学における講義ノートや，計測自動制御学会，システム制御情報学会，日本機械学会，電気学会，化学工学会，自動車技術会，日本鉄鋼協会などの講習会資料や解説記事としたものをもとにしている。

　最後に，共同研究者の方々，共に研究をした学生諸君，そして講演や執筆の機会を与えてくださった関係者諸氏に感謝申し上げる。

2010 年 4 月

池 田 雅 夫

藤 崎 泰 正

目　次

1. 制御理論の歴史とフィロソフィ

1.1 制御理論の歴史 …………………………………………………………… 2
1.2 制御理論のフィロソフィ ………………………………………………… 4
1.3 補　　　足 ………………………………………………………………… 5

2. モデリングと制御系設計

2.1 制御の対象と目的 ………………………………………………………… 7
2.2 制御対象のモデリング …………………………………………………… 10
　2.2.1 制御対象の数式モデルと線形化 ……………………………………… 10
　2.2.2 状態方程式 …………………………………………………………… 17
2.3 制　御　系　設　計 ……………………………………………………… 18
　2.3.1 最適レギュレータ …………………………………………………… 19
　2.3.2 オブザーバ …………………………………………………………… 22
2.4 実装：ディジタル化とチューニング …………………………………… 23
2.5 数式モデルに基づく制御 ………………………………………………… 26
演　習　問　題 …………………………………………………………………… 28

3. 制御系設計の基本課題

3.1 制　御　の　目　的 ……………………………………………………… 29
3.2 制　御　の　仕　様 ……………………………………………………… 30

3.3 制御の方法 ……………………………………………… 32

4. 最適レギュレータ

4.1 対象システムと評価関数 ……………………………………… 34
4.2 最適状態フィードバック ………………………………………… 37
4.3 Riccati 方程式の導出 …………………………………………… 38
4.4 フィードバックゲインの最適性 ………………………………… 41
4.5 Riccati 方程式の解法 …………………………………………… 44
4.6 最適レギュレータの性質 ………………………………………… 48
   4.6.1 還送差条件，ロバスト安定性，感度減少 ……………… 49
   4.6.2 最小位相性，正実性 …………………………………… 51
   4.6.3 フィードバックゲインの構造 ………………………… 54
4.7 評価関数の選択 …………………………………………………… 57
4.8 時間依存型評価関数 ……………………………………………… 63
4.9 周波数依存型評価関数 …………………………………………… 66
4.10 H_2 最適制御としての解釈 ……………………………………… 70
4.11 H_∞ 制御との関係 ……………………………………………… 73
4.12 補足 ……………………………………………………………… 76
演習問題 …………………………………………………………………… 82

5. 状態推定

5.1 モデルによる状態推定：オブザーバ …………………………… 84
5.2 オブザーバの一般形 ……………………………………………… 87
5.3 最小次元オブザーバ ……………………………………………… 89
   5.3.1 最小次元オブザーバの構成 …………………………… 90
   5.3.2 未知入力オブザーバ …………………………………… 92

5.4 外乱推定オブザーバ ································· 94
5.5 推定誤差の振る舞い ································· 96
5.6 状態フィードバックへの適用 ··························· 98
   5.6.1 極 指 定 ····································· 99
   5.6.2 最適レギュレータ ································ 101
   5.6.3 閉ループ系のロバストさ ··························· 103
5.7 確率的な雑音がある場合の取扱い ························ 106
5.8 Kalman フィルタ ···································· 108
5.9 最適推定と最適制御の双対性 ··························· 112
演 習 問 題 ··· 114

6. サ ー ボ 系

6.1 サ ー ボ 問 題 ······································ 115
6.2 内部モデル原理 ····································· 118
6.3 サーボ系の構成 ····································· 120
6.4 積分型最適サーボ系 ································· 125
6.5 最適サーボ系の 2 自由度構成 ·························· 132
6.6 入出力数が異なる場合の考察 ··························· 139
演 習 問 題 ··· 145

7. 制御系設計例

7.1 周波数依存型最適レギュレータ ························· 146
7.2 2 自由度積分型最適サーボ系 ··························· 156

8. キーテクノロジーとしての制御工学

8.1 あらゆる分野に必要な制御工学 ……………………………… 161
8.2 人類と地球のために必要な制御工学 …………………………… 162
8.3 視野を広くもって発展………………………………………… 162

引用・参考文献……………………………………………… 164
演習問題の解答……………………………………………… 171
索　　　引………………………………………………… 175

1

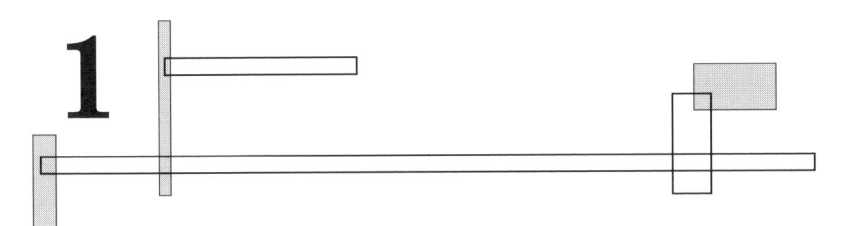

制御理論の歴史とフィロソフィ

　多変数システム制御の基本としての現代制御理論[1]†という語が現れて，約半世紀が経過した。したがって，「現代制御理論」という専門用語における "現代" は，一般の意味での "現代" を意味するものではない。それは，「古典制御理論」[2] の "古典" に対して用いられるものであり，システムの2種類の取扱い方の一方であることを表す語である。すなわち，「古典制御理論」がシステムを入出力関係ととらえ，伝達関数で記述することを基本としているのに対し，「現代制御理論」では，システムの内部に状態という変数を考えて，システムを入力，状態，出力の関係を表す状態方程式で記述する (**図 1.1**)。「状態」とは，システムの過去の挙動が未来の挙動に与える影響に関する必要かつ十分な情報をもつ変数で，物理的な意味をもつことは要求されない。そのことが，状態空間に数学的に自由な変換を許し，現代制御理論の解析・設計手法の発展のもととなってきた[3]。

　本章では，実システムという物理的世界と制御理論の数学的世界の整合性という視点を含めて，現代制御理論の考え方を述べる。

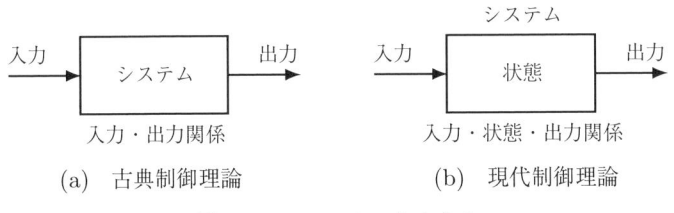

　　(a) 古典制御理論　　　　　　(b) 現代制御理論

図 1.1 システムのとらえ方

---
† 右肩付き数字は，巻末の引用・参考文献番号を表す。

1.1 制御理論の歴史

制御理論 (ここでは，数理的システム制御理論を意味する) の歴史的な流れを簡単にまとめると，図 1.2 のようになる。

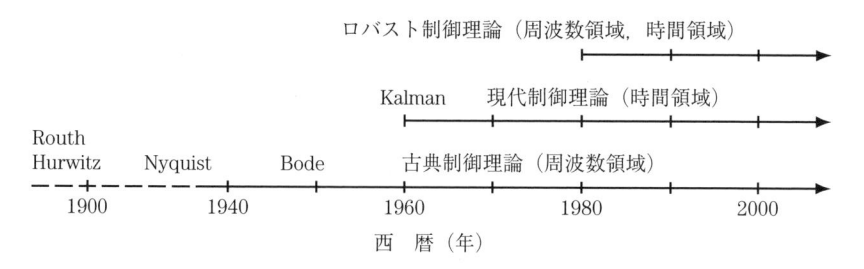

```
                              ロバスト制御理論（周波数領域，時間領域）
                                          ├────┼────┼────┼────→
                         Kalman      現代制御理論（時間領域）
                                  ├────┼────┼────┼────┼────→
 Routh
 Hurwitz    Nyquist      Bode      古典制御理論（周波数領域）
 ──┼────────┼───────────┼──────────┼────┼────┼────┼────→
  1900     1940         1960      1980        2000
                        西　暦（年）
```

図 1.2　制御理論の歴史

「古典制御理論」とは，19 世紀に得られた特性多項式に基づく Routh と Hurwitz の安定判別法[4),5)]，1930 年代の周波数応答に基づく Nyquist の安定判別法[6)]，1940 年代に Bode によって得られた周波数応答におけるゲインと位相の関係[7)] などを代表的成果とし，線形時間不変 (1 入力 1 出力) システムの伝達関数表現や周波数応答に基づく解析理論と，PID (proportional integral derivative) 制御や位相進み・遅れ補償などの設計法を意味する。この時代に得られた解析理論は，1980 年代以降のロバスト制御理論に引き継がれ，そこでも大きな役割を演じている。それに対して，当時の設計法は，Ziegler-Nichols の限界感度法[8)] による PID ゲイン調整，開ループ系と閉ループ系の周波数応答の関係を表すニコルス線図などの提案はあったが，経験と試行錯誤に基づいており，設計論として満足のいくものではなかった。

そのような状況のもと，1960 年に Kalman が，状態方程式をシステム表現として，最適レギュレータ理論[9)] と最適フィルタリング理論[10)] を発表した。状態方程式は 1 階の連立微分方程式であり，その意味では目新しいものではなかったが，そこに状態という概念に基づく最適化問題が定式化され，美しく解かれ

たため,多くの人々の目がその方向に向くこととなった。そして,それまでの制御理論と異なるという意味で,「現代制御理論」と呼ばれるようになり[1],状態方程式を用いたシステム理論[11],[12],すなわち,状態空間アプローチの体系が急速に確立した。古典制御理論と現代制御理論を対比して特徴をまとめると**表 1.1**のようになる。

表 1.1 古典制御理論と現代制御理論の特徴

	システム表現	アプローチ	振る舞いの種類	機械系の例
古典制御理論	伝達関数	周波数領域	定常応答	振　動
現代制御理論	状態方程式	時間領域	過渡応答	運　動

この「現代制御理論」は,それまでの「古典制御理論」と比べると,時間領域の理論であり,多入力多出力システムも1入力1出力システムと同様に扱うことができ,しかも非線形システムをも対象とすることができるという特徴をもつ。したがって,非常な期待をもって迎えられ,極指定[13],非干渉化[14],サーボ系設計[15],[16]など,状態フィードバックを基本とする多くの制御系設計法が提案された。

しかし,しばらくすると,時間領域の取扱いでは,制御系に対して馴染みのある周波数領域の仕様に対応できないという批判が現れた[17]。しかしながら,伝達関数を対象とした「古典制御理論」が周波数領域の仕様に対応した設計法を提供できていたかというと,上で述べたようにそうではなかった。それまでの古典制御理論が苦労していた理由は,フィードバック制御系の設計において,われわれが構成するコントローラが閉ループ伝達関数に非線形の形で現れる点にあった。したがって,コントローラをどのように変更すると,閉ループ伝達関数がどのように変わるか,その予想は非常に困難であった。

それを解決したのが,伝達関数(行列)の既約分解に基づく安定化コントローラのパラメトリゼーション[18],[19]である。これは,伝達関数を,安定な伝達関数の和,積,逆を用いて表すものだが,それによると,閉ループ系を安定化するコントローラのクラスと,そのなかでわれわれが変更できるパラメータが明確

になる.しかも,そのパラメータは閉ループ伝達関数に線形に現れるため,閉ループ系の設計が非常に容易になる (1.3 節の補足 1 A 参照).その結果,1980年代になって,不確かな制御対象のロバスト安定化問題[20]や閉ループ伝達関数のゲインを周波数整形する H_∞ 制御問題が解かれ[21],制御理論は「ロバスト制御理論」[22]の時代に入った.

その既約分解アプローチは,制御系の解析や設計のための理論構築には非常に有力な手法であるが,コンピュータを使った設計計算にはそれほど向いていない.もともと周波数領域の仕様で設定された H_∞ 制御問題が,1980 年代後半に,状態空間アプローチで解かれてからは[23],「ロバスト制御理論」もおもに状態方程式で扱われるようになった.このように,周波数領域の仕様を時間領域で設計するという意味で,「ロバスト制御理論」では「古典制御理論」と「現代制御理論」が融合していると見ることができる.その後,制御系設計に状態空間アプローチを用いる傾向は,行列不等式による設計法[24]~[26] が現れてから,より顕著になった.

1.2 制御理論のフィロソフィ

以上の歴史的結果を見ると,制御理論は
- どのような制御対象に,
- どのような状況のもとで,
- どのような情報を,
- どう使うと,
- どのような制御が可能か,

を明らかにしてきたといえる.また,可能性だけでなく,どのような場合に,希望する制御が不可能か,ということも教えてきた.そのようなことを明らかにすることが制御理論がもつべきフィロソフィであり,そのため,数式が多く,結果が定理という形で述べられることが一般的である.このことが,制御理論は難解であるとの印象を与えるが,何ができて,何ができないかが明確になれ

ば，実際の制御系設計に際して，無駄な努力をする必要がなくなる効果は計り知れない．制御理論は，産業界のあらゆる分野において，精密化，高速化，省エネルギ，歩留まり率の向上，安全性の向上などに効果を発揮してきた[27]．

制御理論を用いるためには，制御対象のダイナミクスを数式モデルで表す必要があり，これをモデリングと呼ぶ．制御系設計において，モデリングは非常に手間のかかる部分である．しかしそれは，数式モデルに基づく制御理論のフィロソフィを支える重要な部分でもある．実際，モデリングのない設計からは誤った結論が得られてしまうことがある[28]．

なお，最近，コンピュータが価格，計算速度，マンマシンインタフェースなどの面で使いやすくなるとともに，制御系設計用のソフトウェアも整備されてきた．それらを用いると最新の制御理論も容易に実際問題に適用することができる．しかし，便利さゆえ，一部の人々は制御理論を深く理解することなく，設計計算を行っている．そのような安易な考えでは，よい制御が実現したとしても偶然かもしれないし，期待した制御性能が得られないときは原因の把握ができない．結果だけを追い求めるのではなく，制御理論の考え方を身に付けることが大切である．

1.3 補　　　　足

1A　伝達関数の既約分解 (1入力1出力システムの場合)

1入力1出力システムの伝達関数を $p(s)$ とする．ここでは簡単のため，$p(s)$ をプロパーな有理関数であるとする．伝達関数の既約分解とは，$p(s)$ をプロパーで安定な有理関数 $n(s)$, $d(s)$ を用いて

$$p(s) = \frac{n(s)}{d(s)}$$

と表現するものである．ただし，$n(s)$, $d(s)$ は，あるプロパーで安定な有理関数 $x(s)$, $y(s)$ に対して

$$n(s)x(s) + d(s)y(s) = 1$$

が成立するように選ぶ。

例えば，システムの伝達関数が

$$p(s) = \frac{s-2}{s^2+2s-3}$$

であるとき，その既約分解の一例は

$$n(s) = \frac{s-2}{s^2+2s+1}, \qquad d(s) = \frac{s^2+2s-3}{s^2+2s+1}$$

$$x(s) = -\frac{28s+92}{5s^2+15s+10}, \qquad y(s) = \frac{5s^2+15s+58}{5s^2+15s+10}$$

である。なお，既約分解は一意ではない。実際，$n(s)$, $d(s)$ にそれぞれ安定かつ逆も安定な伝達関数 (例えば $(s+4)/(s+5)$) を掛けたものもまた既約分解である。

さて，このような既約分解を用いるとき，図 1.3 のフィードバック制御系を安定化するコントローラ $c(s)$ のクラスは

$$c(s) = \frac{x(s)+r(s)d(s)}{y(s)-r(s)n(s)}$$

と表現できることが知られている[18],[19]。ここに，$r(s)$ はプロパーで安定な任意の有理関数であり，安定化コントローラの選択自由度を表す。このとき，閉ループ系の伝達関数は

$$\frac{p(s)c(s)}{1+p(s)c(s)} = n(s)\{x(s)+r(s)d(s)\}$$

となり，パラメータ $r(s)$ に関して線形になる。

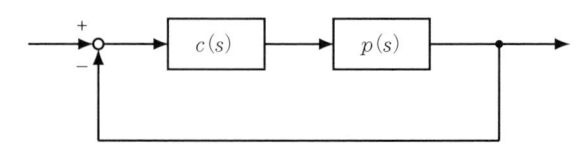

図 1.3 フィードバック制御系

2 モデリングと制御系設計

　制御理論は，制御対象を数式モデルで表し，それに基づいて制御系を設計する理論である．数式モデルを得ることをモデリングと呼び，それは手間のかかる仕事である．しかし，それによって制御対象の動作を予測することができ，よりよい制御が可能となる．モデルの正確さの程度が制御系設計の成否のかぎを握っている．本章では，状態方程式モデルに基づく制御系設計の一例として，ロボットアームの手首の先に取り付けられた倒立振子の安定化制御[29]を紹介する．この設計には，状態方程式に基づくアプローチの代表的な手法である最適レギュレータ理論とオブザーバ理論が用いられる．これらの理論の具体的な内容は4章，5章に譲る．

2.1　制御の対象と目的

　制御対象は，図 **2.1** に示す2関節のゴム空気圧駆動型ロボットアーム[30]の手首の先に取り付けられた倒立振子である．制御を加えなければ，振子が重力によって倒れることは明らかであろう．したがって，この制御対象は不安定系である．制御によってこの振子を安定に倒立させることがわれわれの制御目的である．

　倒立振子を支える空気圧駆動型ロボットアームのアクチュエータは，ゴム管の伸縮によって関節を運動させるもので，その原理は図 **2.2** のとおりである．

8   2. モデリングと制御系設計

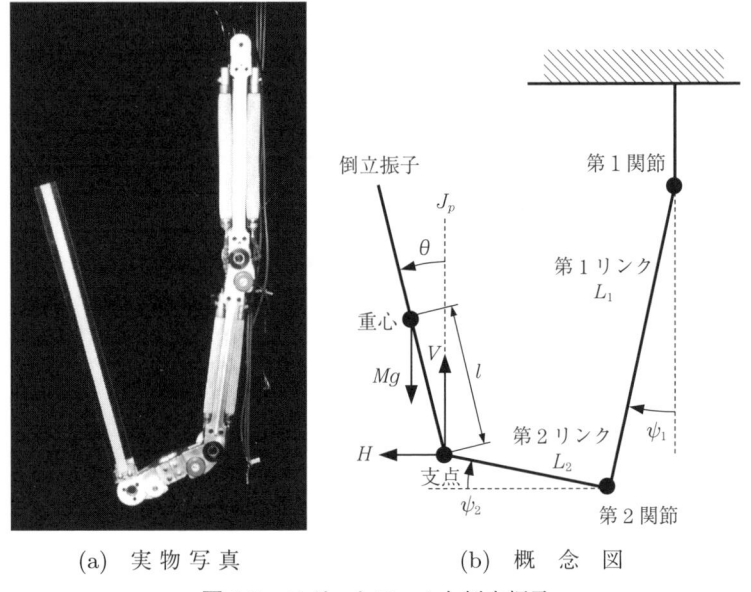

(a) 実物写真   (b) 概 念 図

図 **2.1**　ロボットアームと倒立振子

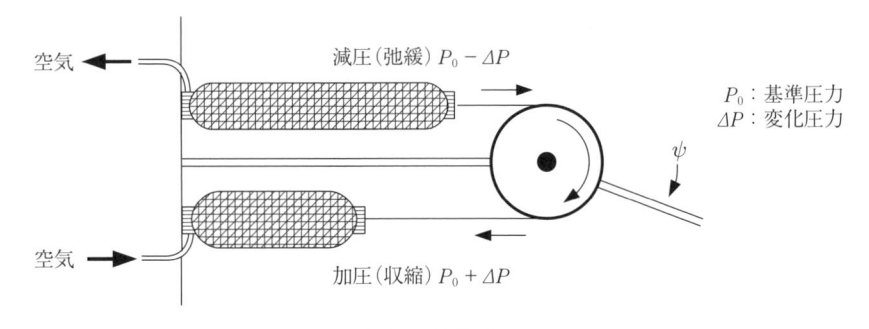

図 **2.2**　ゴム空気圧駆動型アクチュエータ

ゴム管はその内部の空気圧を高めると軸方向に収縮し，減ずると弛緩する。したがって，生体の筋肉のようにプッシュプル型で用いることにより，関節を回転させることができる。このアームの特徴は，普通の電動アクチュエータに比べてコンプライアンスが高く，しかもゴム管内の空気の基準圧力によってそれが変わる(それを変えることができる) 点である。

センサは二つの関節と振子の支点に取り付けられた合計三つのパルスエンコー

ダで，それらによって二つの腕(リンク)および振子の角度を検出する．つまり，おのおのの関節には，センサとアクチュエータが一つずつ配置されている．これらを使って，このロボットアームには，もともと各関節を1入力1出力系と見た角度制御のためのPID制御系が構成されており，そのパラメータを調整することによって，各関節の応答特性を変えることができる．

われわれが設計する制御系は，各関節のPID制御系も含めて制御対象と考え，振子が安定に倒立するように制御するものである．つまり，制御系としては，PID制御の部分をマイナーループとして残し，振子も含めてその外側に状態方程式表現に基づく設計手法による制御ループを構成しようというものである．すなわち，**図 2.3** のような構造である．なお，後に，この図の破線部分の信号の流れは，振子の倒立という制御目的のためには不要であることが示される．また，後の実際の制御では，PID制御系のうち，比例(P)制御だけを用いている．既設の制御系を除去するのではなく，P制御を有効にしている理由は，すでに保証されている制御性能を維持するためである．

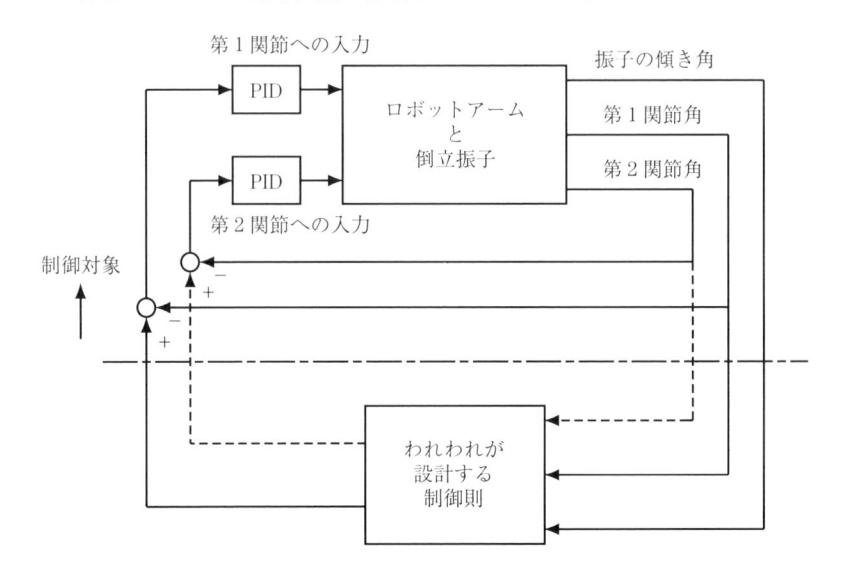

図 2.3 制御系の構成

2.2 制御対象のモデリング

状態方程式表現に基づく制御系設計手法の多くは，1階の連立微分方程式である状態方程式のなかで，特に線形かつ時間不変のものを対象に開発されてきた。したがって，それらの手法を実際のシステムに適用するには，制御対象を線形かつ時間不変の状態方程式で表さなければならない。

2.2.1 制御対象の数式モデルと線形化

物理システムから数式モデルを導く方法には，大きく分けて二つある[31]。一つは，システム内部の各要素の物理法則と要素間の結合関係から導く方法である。もう一つは，システムを入力から出力への信号の流れととらえ，それらの信号の時間的関係を発生する数式を求める方法である。ここでは，倒立振子に対して前者を適用し，ロボットアームに後者を適用する。そして，得られた結果を線形化する。

〔1〕 倒立振子の数式モデル

数式モデルを導くために，まず，倒立振子を図 **2.1** (b) のように概念的に表し，各部の変数や定数をつぎのように定義する。

- θ ： 振子の上方向鉛直線からの反時計回りの角度 (rad)
- ψ_1 ： 第1リンクの下方向鉛直線からの時計回りの角度 (rad)
- ψ_2 ： 第2リンクの左方向水平線からの時計回りの角度 (rad)
- V ： 振子がアームから受ける力の上方向鉛直成分 (N)
- H ： 振子がアームから受ける力の左方向水平成分 (N)
- J_p ： 振子の重心回りの慣性モーメント $(\mathrm{kg \cdot m^2})$
- M ： 振子の質量 (kg)
- g ： 重力加速度 $(9.80\,\mathrm{m/s^2})$
- L ： 振子の長さ $(0.630\,\mathrm{m})$

L_1 : 第 1 リンクの長さ (0.385 m)

L_2 : 第 2 リンクの長さ (0.192 m)

l : 振子の支点から重心までの距離 (m)

μ : 振子の支点軸の粘性摩擦係数 (kg $\cdot$ m^2/s)

これらを用いると，振子の重心回りの回転運動，振子の重心の水平方向の運動，その垂直方向の運動はそれぞれ方程式 (2.1)～(2.3) で表すことができる．

$$J_p \ddot{\theta}(t) = lV(t)\sin\theta(t) - lH(t)\cos\theta(t) - \mu\dot{\theta}(t) \tag{2.1}$$

$$M\frac{d^2}{dt^2}\{L_1\sin\psi_1(t) + L_2\cos\psi_2(t) + l\sin\theta(t)\} = H(t) \tag{2.2}$$

$$M\frac{d^2}{dt^2}\{-L_1\cos\psi_1(t) + L_2\sin\psi_2(t) + l\cos\theta(t)\} = V(t) - Mg \tag{2.3}$$

ただし，振子の重心の水平左方向の位置 $L_1\sin\psi_1 + L_2\cos\psi_2 + l\sin\theta$ と鉛直上方向の位置 $-L_1\cos\psi_1 + L_2\sin\psi_2 + l\cos\theta$ の原点は，第 1 関節の位置としている．式 (2.1)～(2.3) からわかるように，$H(t) \equiv 0$，$V(t) \equiv Mg$ のとき

$$\theta(t) \equiv 0, \qquad \psi_1(t) \equiv 0, \qquad \psi_2(t) \equiv 0 \tag{2.4}$$

は一つの解であり，このシステムの (一つの) 平衡点を与える．これは，第 1 リンクが鉛直，第 2 リンクが水平で，振子が倒立して静止していることを意味し，不安定な平衡点である．

われわれはこの倒立振子系の制御に，状態方程式表現に基づく設計手法の代表といえる最適レギュレータ理論とオブザーバ理論を適用する．これらの理論は線形システム理論であり (非線形システムへの拡張もないわけではないが)，適用のためには制御対象を線形の方程式で表しておかなければならない．そこで，式 (2.1)～(2.3) を式 (2.4) の平衡点回りで線形化することを考える．

そのために，まず，式 (2.2)，(2.3) の左辺の 2 階微分を計算する．

$$M\left[L_1\{\ddot{\psi}_1(t)\cos\psi_1(t) - \dot{\psi}_1^2(t)\sin\psi_1(t)\}\right.$$
$$-L_2\{\ddot{\psi}_2(t)\sin\psi_2(t) + \dot{\psi}_2^2(t)\cos\psi_2(t)\}$$
$$\left.+l\{\ddot{\theta}(t)\cos\theta(t) - \dot{\theta}^2(t)\sin\theta(t)\}\right] = H(t) \tag{2.5}$$

$$M\left[L_1\{\ddot{\psi}_1(t)\sin\psi_1(t) + \dot{\psi}_1^2(t)\cos\psi_1(t)\}\right.$$
$$+L_2\{\ddot{\psi}_2(t)\cos\psi_2(t) - \dot{\psi}_2^2(t)\sin\psi_2(t)\}$$
$$\left.-l\{\ddot{\theta}(t)\sin\theta(t) + \dot{\theta}^2(t)\cos\theta(t)\}\right] = V(t) - Mg \tag{2.6}$$

われわれの制御目的は振子を倒立させることだから，平衡点の近傍だけの運動を考え，θ, ψ_1, ψ_2 はすべて微小であるとする．この仮定のもとで

$$\sin\psi_1 \cong \psi_1, \quad \cos\psi_1 \cong 1, \quad \sin\psi_2 \cong \psi_2, \quad \cos\psi_2 \cong 1,$$
$$\sin\theta \cong \theta, \quad \cos\theta \cong 1 \tag{2.7}$$

と置き換えると，式 (2.5), (2.6) は

$$M\left[L_1\{\ddot{\psi}_1(t) - \dot{\psi}_1^2(t)\psi_1(t)\} - L_2\{\ddot{\psi}_2(t)\psi_2(t) + \dot{\psi}_2^2(t)\}\right.$$
$$\left.+l\{\ddot{\theta}(t) - \dot{\theta}^2(t)\theta(t)\}\right] = H(t) \tag{2.8}$$

$$M\left[L_1\{\ddot{\psi}_1(t)\psi_1(t) + \dot{\psi}_1^2(t)\} + L_2\{\ddot{\psi}_2(t) - \dot{\psi}_2^2(t)\psi_2(t)\}\right.$$
$$\left.-l\{\ddot{\theta}(t)\theta(t) + \dot{\theta}^2(t)\}\right] = V(t) - Mg \tag{2.9}$$

となる．また，平衡点の近傍では，$\dot{\psi}_1$, $\dot{\psi}_2$, $\dot{\theta}$, $\ddot{\psi}_1$, $\ddot{\psi}_2$, $\ddot{\theta}$ も微小であるから，変数どうしの積は無視できるとして除き，線形化を行う．このような取扱いが正当か不当かは，結果として実際に倒立振子が安定に制御できたか否かで判断することとする．こうして得られる線形化式は

$$M\{L_1\ddot{\psi}_1(t) + l\ddot{\theta}(t)\} = H(t) \tag{2.10}$$
$$ML_2\ddot{\psi}_2(t) = V(t) - Mg \tag{2.11}$$

である．

一方，式 (2.1) においても式 (2.7) の置き換えを行う．

$$J_p \ddot{\theta}(t) = lV(t)\theta(t) - lH(t) - \mu\dot{\theta}(t) \tag{2.12}$$

これに式 (2.10), (2.11) の H と V を代入する．

$$J_p \ddot{\theta}(t) = Ml\{L_2\ddot{\psi}_2(t) + g\}\theta(t) - Ml\{L_1\ddot{\psi}_1(t) + l\ddot{\theta}(t)\} - \mu\dot{\theta}(t) \tag{2.13}$$

そして，再び変数どうしの積を除き，整理することによって

$$\begin{aligned}\ddot{\theta}(t) &= (J_p + Ml^2)^{-1}\{Mlg\theta(t) - \mu\dot{\theta}(t) - MlL_1\ddot{\psi}_1(t)\} \\ &= \alpha g\theta(t) - \beta\dot{\theta}(t) - \alpha L_1\ddot{\psi}_1(t)\end{aligned} \tag{2.14}$$

を得る．ただし

$$\alpha = (J_p + Ml^2)^{-1}Ml, \qquad \beta = (J_p + Ml^2)^{-1}\mu \tag{2.15}$$

である．

式 (2.14) で注目すべきことは，ψ_2 やその微分が含まれていないことである．つまり，線形化されたレベルでは，平衡点近傍の振子の運動は第 2 関節の動きに独立である．これは，第 1 関節だけの動作で振子の安定化ができる可能性を示唆している．手のひらの上に棒を載せて立てるわれわれの経験に照らせば，納得いくであろう．

以上で，振子自体の数式モデルの形が得られたが，われわれはその係数の同定をしなければならない．ここで物理的な定数である J_p, M, l, L_1, μ の値がわかっていれば，係数は簡単に求まる．しかし，振子の支点はベヤリングや，軸，取付台などで構成されているため，それらを分解して J_p, M, l や μ の値を測定することは困難である．正確に求まるものは L_1 ($= 0.385\,\mathrm{m}$) だけである．

さて，式 (2.14) を見ると，L_1 がわかっているとき，われわれに必要なものは J_p, M, l, μ の値そのものではなく，それらによって決まる α と β であることがわかる．そこで，これらを測定するために，振子を $\pi\,[\mathrm{rad}]$ だけ回転さ

せ，重力方向に向けたときの自由運動を考える。このとき，振子の角度 θ として下方向鉛直線からの反時計回りの角度を考えると，振子の運動方程式は，式 (2.1)〜(2.3) で $\psi_1(t) \equiv 0$, $\psi_2(t) \equiv 0$ とおき，θ に $\theta + \pi$ を代入したものになる。この運動方程式を $\theta(t) \equiv 0$ (安定平衡点である) で線形化して整理すると

$$\ddot{\theta}(t) = -(J_p + Ml^2)^{-1} M l g \theta(t) - (J_p + Ml^2)^{-1} \mu \dot{\theta}(t)$$
$$= -\alpha g \theta(t) - \beta \dot{\theta}(t) \tag{2.16}$$

となり，式 (2.15) と同様，α と β で表されている。

よく知られているように，式 (2.16) の 2 階線形微分方程式を

$$\ddot{\theta}(t) + 2\zeta \omega_n \dot{\theta}(t) + \omega_n^2 \theta(t) = 0 \tag{2.17}$$

$$\omega_n = \sqrt{\alpha g}, \qquad \zeta = \frac{\beta}{2\sqrt{\alpha g}}$$

のように表すと，そのパラメータ ζ, ω_n は，図 **2.4** の自由振動の周期 λ と 1 周期当りの減衰率 ρ に対して

$$\lambda = \frac{2\pi}{\sqrt{1-\zeta^2}\,\omega_n}, \qquad \rho = \exp\left(-\frac{2\pi \zeta}{\sqrt{1-\zeta^2}}\right) \tag{2.18}$$

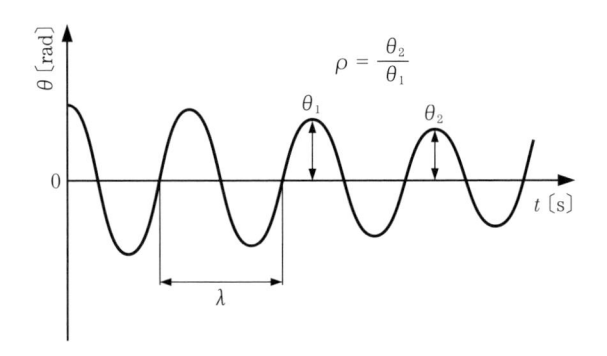

図 **2.4** 2 階線形微分方程式で表されるシステムの自由振動

の関係にある[32]。したがって，αg と β は

$$\alpha g = \frac{4\pi^2 + (\ln \rho)^2}{\lambda^2}, \qquad \beta = \frac{2(-\ln \rho)}{\lambda} \qquad (2.19)$$

のように λ と ρ から簡単に逆算することができる。そして，g はわかっているので α も求まる。線形化された方程式に従うと考えられる範囲の実際の振子の小振幅自由振動から求めた λ, ρ の値は

$$\lambda = 1.2, \qquad \rho = 0.94$$

であったので

$$\alpha = 2.7, \qquad \beta = 9.6 \times 10^{-2}$$

と計算される。これらを式 (2.14) に代入して，振子の数式モデルが

$$\ddot{\theta}(t) = 26\,\theta(t) - 0.096\,\dot{\theta}(t) - 1.0\,\ddot{\psi}_1(t) \qquad (2.20)$$

のように得られる。

〔2〕 **ロボットアームの数式モデル**

つぎに，ロボットアームの数式モデルを求める。ロボットアームはわれわれが加える操作信号から見れば，空気圧駆動型アクチュエータのゴム管やそれに空気を送るサーボバルブ，配管まで含む複雑なシステムである。それを物理法則で記述することは理論的には可能かもしれない。しかし，そのパラメータ同定まで考えれば，至難といわざるをえない。そこで，ステップ状の操作信号を加えて，それに対する応答から，入出力間特性の数式モデルを求めることにする。

〔1〕で述べたように，振子の制御のためには，第 1 関節の動特性がわかっていれば十分である。その第 1 関節 (マイナーループは P 制御のみ) に回転角度を定値の指令入力として与え，振子を平衡点近傍で軽く支えた状況で，実際の関節角の動きを記録したものが**図 2.5** (a) である。このようなステップ応答は，

(a) 実　測　　　　　　　　　　(b) 近　似

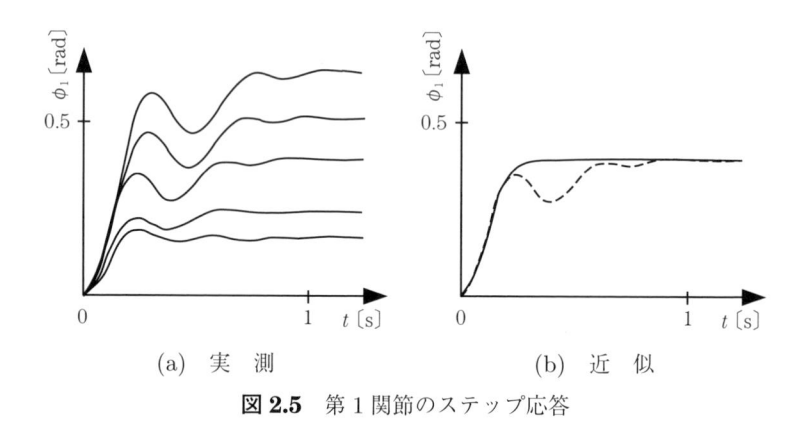

図 **2.5**　第 1 関節のステップ応答

振動的な成分を除けば，2 階の微分方程式

$$\ddot{\psi}_1(t) + a_1\dot{\psi}_1(t) + a_2\psi_1(t) = bu(t) \tag{2.21}$$

で近似できる。ここに，u は第 1 関節への角度の指令入力である。

　この近似で除かれた振動的な成分は，2 階線形微分方程式では表せないものである。それを組み入れれば，より正確な数式モデルが得られるかもしれない。しかし，入力の大きさを変えたステップ応答を見比べると，その振動的な振る舞いは入力の大きさに依存していることがわかる。つまり，それは非線形成分であり，線形モデルでは表すことができないので，ここでは除くことにする。このように非線形成分を除いたことの正当性は，モデリングの段階で議論するのではなく，制御結果によって判定されるべきである[33]。

　図 **2.5** (a) のステップ応答のうち，平均的な応答であると考えられる真中のステップ応答から，式 (2.21) のパラメータの値をつぎのように決定した。

$$a_1 = 24, \quad a_2 = 180, \quad b = 160 \tag{2.22}$$

このとき，式 (2.21) に実験と同じ大きさの u を加えた応答が図 **2.5** (b) の実線である。

2.2.2 状態方程式

最適レギュレータ理論やオブザーバ理論を適用して制御系を設計するには，式 (2.14) と式 (2.21) のように得られた数式モデルを状態方程式と呼ばれる形に書き換える必要がある。それを行うために，まず，式 (2.21) を

$$\frac{d}{dt}\dot{\psi}_1(t) = -a_1\dot{\psi}_1(t) - a_2\psi_1(t) + bu(t) \qquad (2.23)$$

と書く。そして，式 (2.21) の $\ddot{\psi}_1$ を式 (2.14) に代入して，式 (2.24) のように書く。

$$\frac{d}{dt}\dot{\theta}(t) = \alpha g \theta(t) - \beta\dot{\theta}(t) + \alpha L_1\{a_1\dot{\psi}_1(t) + a_2\psi_1(t) - bu(t)\} \qquad (2.24)$$

これらと

$$\frac{d}{dt}\theta(t) = \dot{\theta}(t), \qquad \frac{d}{dt}\psi_1(t) = \dot{\psi}_1(t) \qquad (2.25)$$

の関係を合わせて，1 階連立微分方程式の形にする。

$$\frac{d}{dt}\begin{bmatrix} \theta(t) \\ \dot{\theta}(t) \\ \psi_1(t) \\ \dot{\psi}_1(t) \end{bmatrix} = \begin{bmatrix} 0 & 1 & 0 & 0 \\ \alpha g & -\beta & \alpha L_1 a_2 & \alpha L_1 a_1 \\ 0 & 0 & 0 & 1 \\ 0 & 0 & -a_2 & -a_1 \end{bmatrix} \begin{bmatrix} \theta(t) \\ \dot{\theta}(t) \\ \psi_1(t) \\ \dot{\psi}_1(t) \end{bmatrix}$$

$$+ \begin{bmatrix} 0 \\ -\alpha L_1 b \\ 0 \\ b \end{bmatrix} u(t) \qquad (2.26)$$

式 (2.26) がわれわれの制御対象のダイナミクスを記述する方程式で

$$\begin{bmatrix} \theta & \dot{\theta} & \psi_1 & \dot{\psi}_1 \end{bmatrix}^T$$

は状態変数または状態ベクトルと呼ばれる。明らかに，$u(t) \equiv 0$ のとき，0 が状態変数の平衡点である。式 (2.26) に各パラメータの具体的数値を代入すると

$$\frac{d}{dt}\begin{bmatrix} \theta(t) \\ \dot{\theta}(t) \\ \psi_1(t) \\ \dot{\psi}_1(t) \end{bmatrix} = \begin{bmatrix} 0 & 1 & 0 & 0 \\ 26 & -0.096 & 190 & 25 \\ 0 & 0 & 0 & 1 \\ 0 & 0 & -180 & -24 \end{bmatrix} \begin{bmatrix} \theta(t) \\ \dot{\theta}(t) \\ \psi_1(t) \\ \dot{\psi}_1(t) \end{bmatrix}$$

$$+ \begin{bmatrix} 0 \\ -170 \\ 0 \\ 160 \end{bmatrix} u(t) \tag{2.27}$$

となる.

状態方程式とは,通常,式 (2.27) に制御対象から得られるデータを表す観測出力の式や制御目的によって決まる制御出力の式を付け加えたものを呼ぶ.われわれの場合,各関節と振子の支点に取り付けられたパルスエンコーダ出力の簡単な和や差で θ, ψ_1 を知ることができるから,これらが直接観測できると考えてよい.したがって,θ を y_1,ψ_1 を y_2 とおくと,観測出力の式は

$$\begin{bmatrix} y_1(t) \\ y_2(t) \end{bmatrix} = \begin{bmatrix} 1 & 0 & 0 & 0 \\ 0 & 0 & 1 & 0 \end{bmatrix} \begin{bmatrix} \theta(t) \\ \dot{\theta}(t) \\ \psi_1(t) \\ \dot{\psi}_1(t) \end{bmatrix} \tag{2.28}$$

である.こうして得られた式 (2.27), (2.28) の状態方程式を 2.3 節で設計に用いる.

2.3 制御系設計

2.2 節で述べたように,倒立振子の安定化制御には第 1 関節を働かせるだけで十分である (と予想されるとともに,そう期待して設計を進める).それでは,第 2 関節にはどのような役割を分担させればよいのだろう.例えば,第 1 リン

クの姿勢にかかわらず第2リンクを水平に保つ仕事をさせることも考えられるが，ここでは簡単のため，第1リンクと第2リンクがつねに直角になるように働かせることとする．そして，それは第2関節のマイナーループのPID制御系に定値の指令値を入力することで実現し，第2関節はわれわれの制御対象から省くことにする．したがって，**図 2.3** のブロック線図から破線部分が除かれ，われわれが設計する制御ループは振子と第1関節の角度を観測して第1関節を操作するものとなる．2.2節で述べたモデリングは，この方針を暗黙に前提としていた．

われわれの制御目的である振子を倒立させるということを式 (2.27)，(2.28) の状態方程式の上で説明すると，y_1，y_2 の情報を使って u を適当に決定し，θ と $\dot{\theta}$ が 0 に漸近するようにすることである．ここではこれに加えて，ψ_1 と $\dot{\psi}_1$ も 0 に漸近させ，振子がロボットアームの基準位置で倒立することを要求することにする．これは，式 (2.27)，(2.28) の状態方程式が基準位置の近傍でのみ正当な数式モデルであることを考慮してのことである．状態ベクトル $\begin{bmatrix} \theta & \dot{\theta} & \psi_1 & \dot{\psi}_1 \end{bmatrix}^T$ をその平衡点 0 に漸近させるように制御することは，一般に安定化と呼ばれている．状態方程式表現に基づく制御系設計における安定化の手法はいくつか提案されているが，ここではそのなかの代表的な最適レギュレータ (4 章) とオブザーバ (5 章) の組合せを採用する．

2.3.1 最適レギュレータ

最適レギュレータとは，状態変数が平衡点 0 から離れたとき，できるだけ速やかに平衡点に戻す制御を，できるだけ操作入力を変化させずに行うということを，ある評価関数の最小化問題として定式化して得られる制御則である．最小化されるべき評価関数は，制御出力の 2 乗と操作入力の 2 乗の和の初期時刻から時刻無限大までの積分である．われわれの制御対象の場合，観測出力は θ と ψ_1 であるが，制御したい変数は状態変数のすべてである．したがって，評価関数として，例えば

$$J = \int_0^\infty \{q_1\theta^2(t) + q_2\dot{\theta}^2(t) + q_3\psi_1^2(t) + q_4\dot{\psi}_1^2(t) + ru^2(t)\}dt \tag{2.29}$$

が考えられる．ここに，q_1, q_2, q_3, q_4 は一般に非負数，r は正数で，各変数をどの程度重視するかを表す重み係数である．直感的には，ある係数を他に比べて相対的に大きくすれば，それに対応する変数の 2 乗積分が小さくなり，その変数が速やかに平衡点 0 に戻ることが期待できる．

われわれは状態変数 θ, $\dot{\theta}$, ψ_1, $\dot{\psi}_1$ のすべてを 0 に戻したいのだが，そのために重み係数 q_1, q_2, q_3, q_4 のすべてを正に選ばなければならないかというと，そうではない．状態変数の振る舞いは個々に独立ではなく，状態方程式の式 (2.27) に従っているから，ある変数が 0 に戻ることが他の変数も 0 に戻ることを保証することが多い．これは「可観測性」や「可検出性」という概念に関連する (4.12 節の補足 4 A 参照)．

評価関数の最小化を行う前提として，式 (2.29) のような無限時間の積分が収束する必要がある．そのためには各変数が時刻無限大で 0 にならなければならないが，制御対象によってはそうはならないものもある．例えば，アクチュエータの位置や数が不適当であれば，どのように操作入力を加えても，状態変数が 0 に漸近しないことがある．そのような場合，状態変数を平衡点に戻す安定化は決してできない．これは，「可制御性」や「可安定性」という概念に関連する (4.12 節の補足 4 A 参照)．

状態方程式の状態変数の振る舞いは，その初期値と加えられる操作入力によって一意に決まる．式 (2.27) の $\begin{bmatrix} \theta & \dot{\theta} & \psi_1 & \dot{\psi}_1 \end{bmatrix}^T$ の初期値は外乱などの何らかの理由によって決まり，操作できるものではない．したがって，われわれにとっては，初期時刻以降の θ, $\dot{\theta}$, ψ_1, $\dot{\psi}_1$ の振る舞いは入力 u だけに依存すると考えることができる．こうして，式 (2.29) の評価関数 J を u の関数と考え，その選択によって J を最小にしようというのが最適レギュレータ問題である．その最適入力は，4 章で述べるように，状態フィードバック形式

$$u(t) = -\begin{bmatrix} k_1 & k_2 & k_3 & k_4 \end{bmatrix} \begin{bmatrix} \theta(t) \\ \dot{\theta}(t) \\ \psi_1(t) \\ \dot{\psi}_1(t) \end{bmatrix} \quad (2.30)$$

で得られることが知られている。フィードバックゲイン $\begin{bmatrix} k_1 & k_2 & k_3 & k_4 \end{bmatrix}$ は，やはり 4 章で述べるように，すでに確立している方法で計算することができる。例えば，いくつかの評価関数の重み係数に対して最適ゲインを計算してみると，つぎのようになる。

(1) $q_1 = q_2 = q_3 = q_4 = 1,\ r = 1$ のとき

$$\begin{bmatrix} k_1 & k_2 & k_3 & k_4 \end{bmatrix} = \begin{bmatrix} -12.6 & -2.6 & -2.0 & -1.4 \end{bmatrix}$$

(2) $q_1 = q_2 = 1,\ q_3 = q_4 = 0,\ r = 1$ のとき

$$\begin{bmatrix} k_1 & k_2 & k_3 & k_4 \end{bmatrix} = \begin{bmatrix} -6.8 & -1.6 & -1.9 & -0.8 \end{bmatrix}$$

(3) $q_1 = q_3 = 1,\ q_2 = q_4 = 0,\ r = 1$ のとき

$$\begin{bmatrix} k_1 & k_2 & k_3 & k_4 \end{bmatrix} = \begin{bmatrix} -4.4 & -0.8 & -2.4 & -0.8 \end{bmatrix}$$

当然のことだが，このように最適ゲインは評価関数の重み係数の選び方によって変わる。それでは，実際にどのゲインを用いるのがよいのだろう。それは，シミュレーションによって決定することにする。各ゲインによるフィードバック制御のシミュレーション結果のうち，θ と u の振る舞いを図 **2.6** に与える。ただし，初期状態は

$$\begin{bmatrix} \theta(0) & \dot{\theta}(0) & \psi_1(0) & \dot{\psi}_1(0) \end{bmatrix}^T = \begin{bmatrix} 0.1 & 0 & 0 & 0 \end{bmatrix}$$

とした。すべてにおいて，θ が 0 に収束し，安定化がなされている。これらの結果のなかに満足のいく振る舞いがない場合は，これらを参考にしながら，重み係数を変えてゲインを再び計算し，シミュレーションを繰り返す。

22   2. モデリングと制御系設計

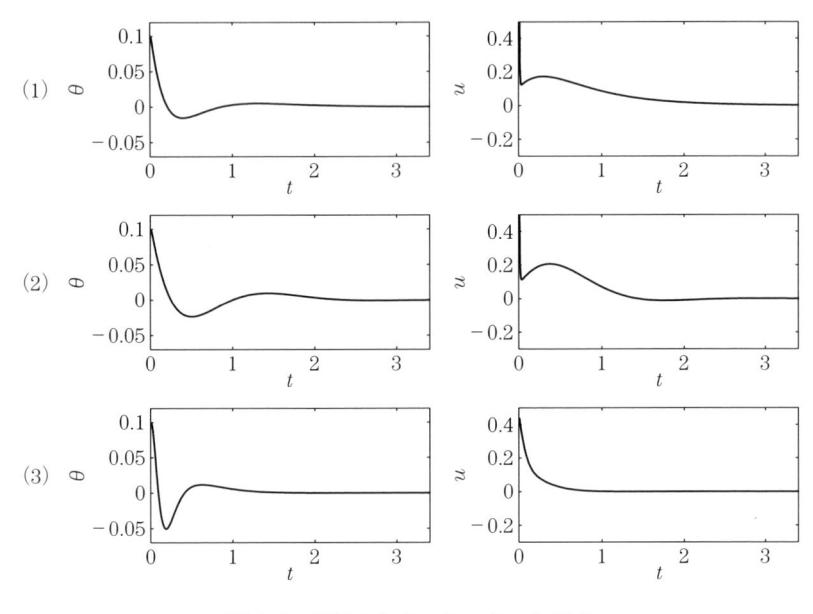

図 2.6 応答のシミュレーション結果

よくいわれることだが，評価関数の重み係数の一意的な決め方が確立していれば，最適ゲインも一つしか求まらず，どれにしようかと悩む必要はない。しかし，設計仕様を単に安定化としているだけでは，重み係数の一意な決定法は存在しようがないのである。仕様をもっと詳細にすれば，4 章で述べるように，重み係数を決めることができる。

2.3.2 オブザーバ

式 (2.30) のように安定化のための状態フィードバック則が求まったが，これを実現するとなると問題が生ずる。式 (2.28) で述べたように，われわれが測定情報として得る観測出力は，振子の角度 θ と第 1 関節の角度 ψ_1 である。それらの角速度 $\dot\theta$, $\dot\psi_1$ は直接には測定されていない。したがって，式 (2.30) の状態フィードバック則を実現するためには，何らかの方法でこれらを推定する必要がある。その方法の一つが，5 章で述べるオブザーバの使用である。オブザーバとは制御対象 (または，その一部) のコンピュータモデルであり，状態ベクト

ルの振る舞いを模擬するオンラインシミュレータである。

式 (2.27), (2.28) をもとに構成したオブザーバの一つを与える。

$$
\frac{d}{dt}\begin{bmatrix} \theta_e(t) \\ \dot{\theta}_e(t) \\ \psi_{1e}(t) \\ \dot{\psi}_{1e}(t) \end{bmatrix} = \begin{bmatrix} -10 & 1 & -0.025 & 0 \\ -25 & -0.096 & 190 & 25 \\ -0.025 & 0 & -0.087 & 1 \\ 0.23 & 0 & -180 & -24 \end{bmatrix} \begin{bmatrix} \theta_e(t) \\ \dot{\theta}_e(t) \\ \psi_{1e}(t) \\ \dot{\psi}_{1e}(t) \end{bmatrix}
$$
$$
+ \begin{bmatrix} 10 & 0.025 \\ 51 & 0.49 \\ 0.025 & 0.087 \\ -0.23 & -0.50 \end{bmatrix} \begin{bmatrix} y_1(t) \\ y_2(t) \end{bmatrix} + \begin{bmatrix} 0 \\ -170 \\ 0 \\ 160 \end{bmatrix} u(t)
$$

(2.31)

ここに，$\theta_e, \dot{\theta}_e, \psi_{1e}, \dot{\psi}_{1e}$ はそれぞれ $\theta, \dot{\theta}, \psi_1, \dot{\psi}_1$ の推定値である．θ と ψ_1 は直接測定できている変数だから，推定する必要はないと考えるかもしれない．実際，低次元オブザーバと呼ばれ，$\dot{\theta}$ と $\dot{\psi}_1$ だけを推定するオブザーバを構成することも可能である．また，状態ベクトルを推定するのでなく，それとフィードバックゲインの積，すなわち加えるべき操作入力の値を推定するという考えもある．いずれにしても，5 章で述べるように，与えられた制御対象に対するオブザーバは一意ではない．制御系全体の振る舞いにかかわるオブザーバとしてどれを選ぶかという問題は，重要な問題である．しかし，いまのところ，明確な指針は存在しない．式 (2.31) のオブザーバは一つのオブザーバでしかない．

2.4 実装：ディジタル化とチューニング

以上，状態方程式表現に基づくモデリングと制御系設計のプロセスを説明した．その設計結果を実装するには，まだ，いくつかの問題を考えなければなら

ない。

そのなかの最も大きな問題は，制御則のディジタル化である。2.3 節で求めた状態フィードバックとオブザーバからなる制御則は，アナログの連続時間素子で実現できる。しかし，現在，そうする人はほとんどおらず，パソコンまたはマイクロプロセッサを使用することが常識であろう。その場合，データの取得と制御の操作は，サンプル点と呼ばれる離散した時刻で行われる。そのための制御則の離散時間化には，従来，二つの方法がとられてきた。一つは連続時間ベース設計と呼ばれ，状態フィードバックとオブザーバを連続時間領域で計算した後の離散時間化である (図 2.7 の A → B)。もう一つは離散化設計と呼ばれ，制御対象の状態方程式を得た段階でその離散時間化(サンプル値化)を行い，離散時間システムに対する最適レギュレータ理論やオブザーバ理論を適用する方法である (図 2.7 の C → D)。観測出力を得て操作入力を計算するに要する時間が制御対象の時定数 (曖昧な表現であるが) に比べて十分に短かければ，前者がよいであろう。そうでなければ，後者をとることになる。ただ，前者は制御則の近似であり，後者は制御対象のサンプル点間の挙動を無視しているため，いずれも最もよい制御性能を実現するものではない。最近，それらの欠点を克服するために，サンプル値設計と呼ばれる連続時間の制御対象から離散時間の制御則を，直接，設計する方法が提案されている (図 2.7 の S)[34]。

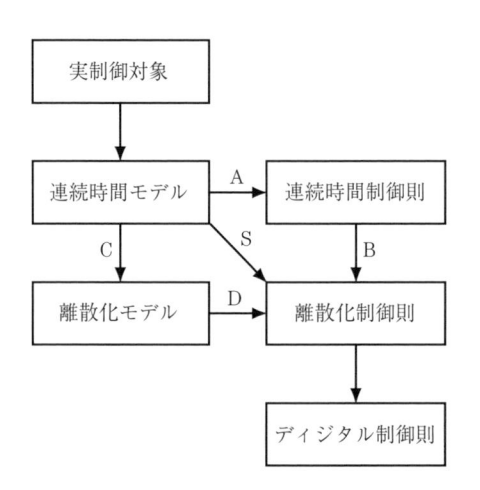

図 2.7　ディジタル制御則の設計

制御則のディジタル化においては，丸め誤差や打切り誤差の影響などの数値計算上の問題にも考慮を払わなければならない．一般には，状態空間の座標変換の考えを制御則に適用し，制御則の伝達特性を変えずに係数のオーダを揃えることをすべきである．より理論的には，平衡実現と呼ばれる形への座標変換がよいとされている[35),36)]．

　もう一つの大きな問題は，チューニングである．制御則の設計は理論の適用上，線形化によって得られた状態方程式に基づいてきた．しかし，制御対象はあくまで非線形システムである．したがって，悲観的に考えれば，求まった制御則によって本当に安定化がなされるという保証はない．たとえ安定化ができても，平衡点への収束特性が満足のいくものとは限らない．このような場合，制御則のチューニングを行う必要がある．上の例の場合，チューニングパラメータと考えられるのは，状態フィードバックゲインとオブザーバである．パラメータの数が多く困難であるが，思慮深く行えば，パラメータと動特性の関係の傾向をある程度つかむことができ，実行可能である．チューニングは実システムにおいて行う方法と，式 (2.1)〜(2.3) のような非線形の数式モデルを使う方法と 2 種類が考えられる．後者の方法でも最終的には実システムでのチューニングが必要であるが，より適切な値から実際のチューニングをスタートすることができるであろう．

　ところで，本章で例にとったゴム空気圧駆動型ロボットアームによる倒立振子の安定化制御は，筆者らが実際に行ったものである[29)]．ただし，説明を簡単にするために，あることを一つ省略した．それは，空気の圧縮性などの理由によるアクチュエータの応答遅れ (むだ時間) である．じつは，ロボットアームのステップ応答は，図 **2.5** に示したものより立上がりが約 80 ms だけ遅れたものであった．そのため，式 (2.31) の状態フィードバック則を実現するためには，オブザーバによって状態を推定するだけでなく，入力が操作量として実際に働く 80 ms 後の状態を予測し，それを入力の計算に用いる必要があった．その予測は，状態方程式の解を使うと，現在の状態とこれから実際に働く 80 ms 間の操作量 (過去 80 ms に加えた入力信号が実現されたもの) から計算することが

できる[37]）。

2.5 数式モデルに基づく制御

　制御の方策は，対象の数式モデルに基づいて定量的に設計されるものと，振る舞いの定性的性質に基づくものに分けることができる。前者は状態方程式表現に基づくアプローチにおける多くの制御法や，伝達関数の安定な既約分解表現 (1.3 節の補足 1 A 参照) に基づく最近の設計法である。後者は古くは PID 制御であり，新しくはルール型の制御法である。

　モデルとは，制御対象の振る舞いに関する情報をコンパクトに縮約したものであり，それにより制御対象の未来の振る舞いを予測することができる。したがって，モデルを用いれば，適切な入力が計算できるはずである。状態方程式表現およびそれに基づく状態フィードバック制御が有用であるのは，状態がシステムの未来の振る舞いに関する必要かつ十分な情報をもっているからである。

　制御理論の歴史は，正確なモデルが得られれば，精密な制御が可能であることを示してきたといっても過言ではない。この意味で，制御の成否はモデリングに大きく依存している。いくら高級な制御系設計手法が開発されても，モデリングが十分でなければ，実際の制御問題を解決することはできない。最近，制御系設計用のソフトウェアとして使いやすいものが比較的安価に手に入るようになった。それだけに，モデリングの比重はよりいっそう高くなったといえる。

　ところが，モデリングは制御理論の開発に携わる人々にこれまでそれほど重視されてこなかった。人々はあまりにもモデリングに無関心か無知であり，モデルとは与えられるもので，それを信じればよいという態度であった。もちろんモデルが誤差を含むことは知っていても，その誤差がどのような性質のものであるか実感している人は少なく，時として，非現実的な状況設定のもとでの理論展開すら見受けられた。しかし，最近，制御対象の不確かさを補償するロバスト制御理論の発展とともに，モデリングの重要性が認識され，測定データ

からの同定によるモデリングに関して多くの研究がなされている[38]）。

　一方，現場で実際の制御に携わる人々の一部には，モデリングの努力を安易に放棄する傾向があるのではなかろうか。モデリングが困難であると簡単に結論付けて，ルール型制御などに逃避している例があるのではなかろうか。ルール型の方策は異常事態への対処や参照入力の設定値変更などには有効であろうが，通常のレギュレーションやサーボメカニズムには大ざっぱすぎる。相当の努力をしてでもモデルが得られれば，より精密な制御が実現することをもっと認識すべきであろう。そのためには，制御対象に対するとともに制御系設計理論に対する深い理解が必要である。それなくしては，目的に合った質の高いモデリングは不可能である。

　モデリングは骨の折れる仕事である。対象ごとに，それに対する深い知識が必要なことも多い。しかし，正確なモデルが得られれば，精密な制御ができるのである。精密な制御を要求するならば，モデルによらない制御を安易に導入すべきではない[28]）。

　最後に，モデリングと制御則設計の不可分性[33],[39]にふれておく。多変数システム制御では，制御対象はおもに状態方程式で記述される。制御則の設計理論のためには，状態方程式が非常に便利な道具であることは，これまでの研究の発展が示している。しかし，制御対象がもつ物理パラメータの定性的性質や誤差を表すことは，得意でない。一方，運動方程式やディスクリプタ方程式[40]は物理的性質を保存するという意味で記述能力の高い数式モデルであるが，解析や設計のための数学的取扱いは，状態方程式に劣る。したがって，制御目的をもとに，どの側面を重視して，数式モデルを選択するかという考察が必要である。

　モデリングと制御則設計の不可分性の観点からもう一つ大切なことは，モデルの精度である。正確なモデルが得られれば，精密な制御ができると述べたが，それは言い換えれば，制御目的が要求する精密さにモデルに要求される正確さが依存するということである。図 **2.5** の応答の比較からわかるように，本章で得

られたロボットアームのモデルは，一般的には正確という評価を得ないであろう。しかし，倒立振子の安定化という制御目的を最適レギュレータとオブザーバ(むだ時間による応答遅れを補償するための予測も含む)の組合せで達成するには，十分に正確であったのである。つまり，モデルの正確さは，それを用いた制御系設計の結果から制御目的の視点で判断すべきものである。したがって，アームの軌跡制御などの他の制御目的のためには，本章のモデルでは正確さが不十分かもしれない。

********** 演 習 問 題 **********

【1】 ラグランジュの方法により，運動方程式 (2.1)〜(2.3) を導出せよ。

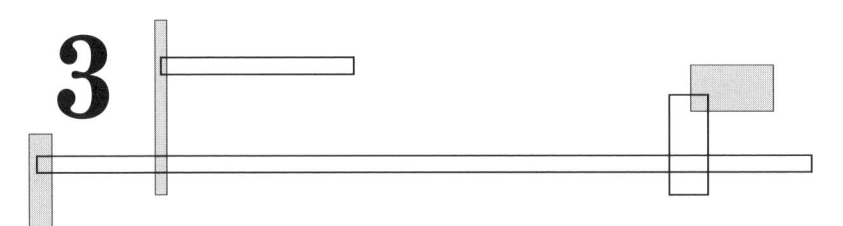

3 制御系設計の基本課題

2章で紹介した制御系設計の目的は，安定化であった．そして，制御則はフィードバック制御であった．制御問題にはこのほかに目標信号への追従，外乱抑制などがあり，また，制御則としてはフィードフォワード制御がある．これらのすべてについてふれることはできないが，本章では，制御系設計の基本課題を概観する．

3.1 制 御 の 目 的

われわれが制御系設計を考えるとき，その対象を図 3.1 のように考える．すなわち，それは操作入力と外乱という制御対象の振る舞いの原因となる変数と，制御出力や観測出力という振る舞いの結果の変数をもつ．操作入力はわれわれが任意に (時には制約が課せられるが) 操ることができる変数である．外乱はわれわれの意思とは独立な変数で，操作することはもちろんできないが，観測さえできないことが一般に多い．制御出力はわれわれがその振る舞いに興味をも

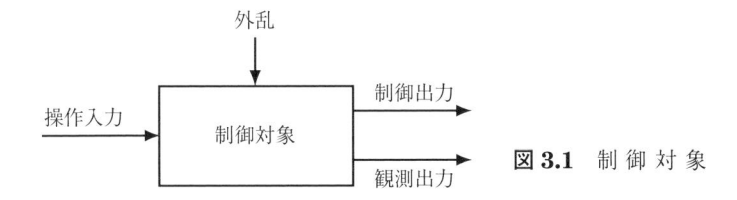

図 3.1 制 御 対 象

ち，望ましい振る舞いを期待する変数である。観測出力は制御対象の振る舞いに関するデータであり，操作入力の決定に使われる。

多変数システム制御においては，これらの変数間の関係，すなわち，制御対象の動特性はわかっており，それは数式モデル(おもに状態方程式)で記述できているとする。そして，数式モデルに基づいて制御系の設計を行う。しかし，その数式モデルが完全に正確に制御対象を記述していると期待することはできず，また時間的に変化することもありうる。したがって，それらも念頭に入れておかなければならない。

以上より，制御とは，大ざっぱにいえば，「制御対象に関する不確かさを含む知識や外乱のもとで，制御出力が望ましい振る舞いをするように，観測出力などのデータを用いて操作入力を決定する」ことである。そして，制御理論とは，どのような知識と情報があれば，また，それをどのように用いれば，どのような制御が，どの程度精密にできるかを明らかにする理論である。実際，制御理論はそのように発展してきた。

通常，制御出力の望ましい振る舞いとして考えられるものは，レギュレーションと追従(トラッキング)の2種類である。レギュレーションとは，外乱などで乱されることなく，制御出力をある一定の値に保つ制御である。2章の例がそれであり，4章の最適レギュレータはその代表的な制御法である。一方，追従とは，時間関数として与えられた目標信号に制御出力を一致させる(できるだけ近づける)制御である。追従制御問題は，目標信号のクラスによって，さらに，二つに分けることができる。目標信号が線形時間不変常微分方程式の基本解として発生できるものである場合と，まったく一般的な時間関数の場合では，その取扱いが異なる。前者を目標信号とする制御問題はサーボ問題と呼ばれ，6章で議論される。

3.2 制御の仕様

制御問題に限らず，あらゆる設計において，その目標は仕様の形で与える必

要がある．制御系設計の仕様としては以下の項目が考えられる．

〔1〕 ロバスト安定性

安定性は制御系に要求される最も基本的な性質であるが，不確かさや変動のため実際の制御対象が設計に用いたモデルと異なっても，安定性が保たれることが必要である．それをロバスト安定性と呼ぶ．制御対象と設計用モデルとの差が大きさや構造の形で与えられたとき，それらに対してロバスト安定性が要求される．

〔2〕 外乱抑制特性

レギュレーション問題においては，外乱が加わっても，制御出力が乱されないこと，すなわち外乱抑制が要求される．仕様としては，例えば，外乱の2乗平均値または2乗積分が与えられ，それに対する制御誤差の2乗平均値または2乗積分の上界が指定される．また，外乱から制御出力までのゲイン特性の形式でも指定される．

〔3〕 追従特性

追従制御問題においては，制御出力が目標信号へ近づく速さや，制御出力と目標信号の差の大きさが重要である．例えば，ステップ状目標信号への追従の場合は，立上がり時間，整定時間，定常誤差の上界などが仕様の項目である．

〔4〕 ロバスト制御性能

制御対象の不確かさや変動に対してロバストであることを要求されるのは，安定性だけではない．外乱抑制特性や追従特性もロバストであるべきである．すなわちロバスト制御性能が必要である．

制御系設計理論の歴史を見ると，古典制御理論の一部や最近の H_∞ 制御理論では，仕様が定量的に与えられている．しかし，その間に盛んに研究された1960年代，1970年代の現代制御理論には，仕様が定性的であるものが多い．1980年代以降，それらも定量的仕様に対応できるように発展している．

3.3 制御の方法

制御の方法は，フィードバック制御 (図 **3.2**) とフィードフォワード制御 (図 **3.3**) の二つの方法に分けられる。上記の仕様のうち，測定できない外乱の抑制や制御対象の不確かさに対するロバスト性のためには，制御結果を見て操作入力を修正するフィードバック制御しかわれわれがとりうる方策はない。したがって，レギュレーション問題はフィードバック制御の問題である。

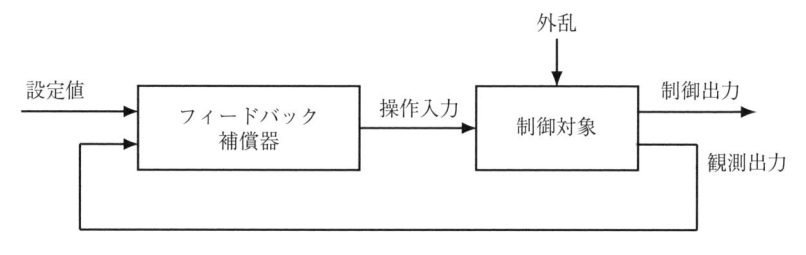

図 3.2 フィードバック制御系

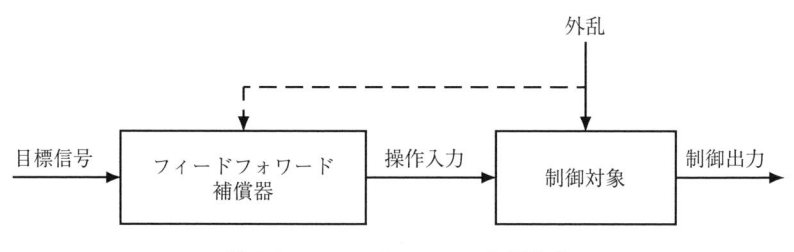

図 3.3 フィードフォワード制御系

それに対して，目標信号への追従は，基本的にはフィードフォワード制御で行うべきである。制御出力を目標信号に一致させるにはどのような操作入力を加えればよいかを，制御対象の数式モデルを用いて逆算する。その数式モデルが正確であれば，計算により得られた操作入力を用いることによって，速やかな追従特性が実現するはずである。実際には，制御対象は不確かさを含むので，フィードバック制御の補助が必要であるが，追従をフィードバック制御だけで

行うのは不適当である。

もし，外乱が測定可能またはそれが制御出力に与える影響が予測可能ならば，その情報をもとに，外乱の影響を打ち消すような操作入力を計算することができ，フィードフォワード制御による外乱抑制が可能である (図 **3.3** 破線部)。これが実現する場合，フィードバック制御とは比較にならない制御性能が実現する[41],[42]。

いずれにしても，動作点に一切の変更がない制御問題の場合を除いて，フィードバック制御とフィードフォワード制御を適切に組み合わせることが，よりよい制御系を構成するのに有効である。この観点に立つのが，2 自由度制御系 (図 **3.4**)[43],[44] であり，6 章の最適サーボ系設計において利用する。

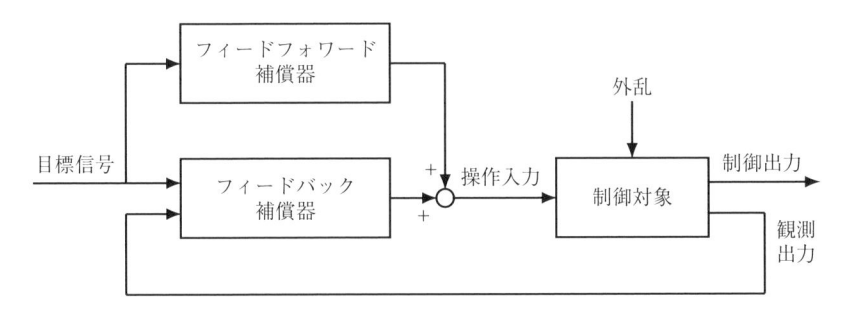

図 **3.4** 2 自由度制御系の一例

4 最適レギュレータ

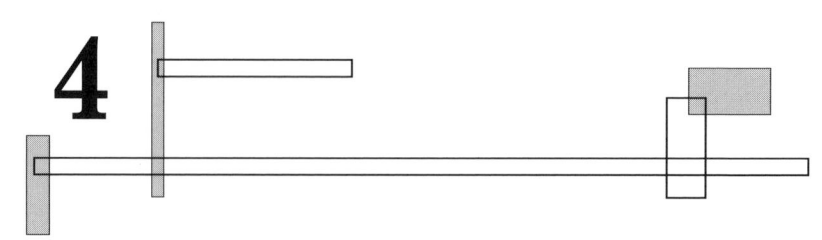

1960 年 Kalman によって発表された最適レギュレータ理論[9] は，同じ時期に発表された最適フィルタリングの理論 (Kalman フィルタ)[10] とともに，状態方程式を用いた制御系設計手法の有効性を強く印象付けた。これらによって，状態方程式表現に基づく多変数システム制御が世の中に現れたのである。最適レギュレータ理論自体の発表から約半世紀が経過し，制御系設計に携わる人々のほとんどがその名前を知っている。その実際問題への適用も 1980 年代から多くなっている[45]。また，実際問題へ向けて理論を拡張・改善する努力もなされた。

4.1 対象システムと評価関数

本章では，線形の状態方程式

$$\dot{x}(t) = Ax(t) + Bu(t),$$
$$y(t) = Cx(t) \tag{4.1}$$

で表されるシステムを対象に，最適レギュレータ理論を説明する。ここに，x は状態ベクトル，u は入力ベクトル (操作入力)，y は出力ベクトル (制御出力) で，それぞれの次元を n, m, p とする。これらの変数は，システムの平衡点を基準に定義されているとする。すなわち，x, u, y は平衡点からの偏差を表し

$$x = 0, \quad u = 0, \quad y = 0 \tag{4.2}$$

が平衡点にあたる。平衡点が物理変数の絶対的な 0 であるとは限らない。例えば，自動車が平たんな道路を一定速度で進行する状況を基準とするとしよう。その場合，その速度やそれを維持するために必要な単位時間当りの燃料の量 (一定)，そのときの自動車の力学的諸変数の値 (一定) が平衡点にあたる。式 (4.1) の x, u, y はそのような値を基準としたものである。

式 (4.1) において，行列 A, B, C は x, u, y の次元に応じた大きさの定数行列である。そして，B は列最大ランクをもち (列がすべて独立)，(A, B) の組は可安定であるとする (4.12 節の補足 4 A 参照)。また，C は行最大ランクをもち (行がすべて独立)，(C, A) の組は可検出であるとする (補足 4 A 参照)。なお，最適レギュレータ理論では，制御したい変数として状態を考える場合も多い。この場合は $y = x$ として，$C = I_n$ (単位行列) として扱えばよい。

さて，対象システムが平衡点 0 にあることがわれわれにとって望ましいとしよう。これを前提にすると，外乱などの理由により制御出力 y が 0 から離れたとき，速やかに 0 またはその近傍に戻す制御を実施することが必要である。その速さを測る方法にはいろいろ考えられる。例えば，y が 1 次元の場合，古くから考えられているように，y の 2 乗積分 $\int_0^\infty y^2(t)dt$，つまり**図 4.1** (a) の斜線部の 2 乗面積の値の小さいことが一つの指標となりうるだろう。この考えのもとで，いま，状態が 1 次元の方程式

$$\dot{x}(t) = ax(t) + bu(t), \quad b > 0,$$

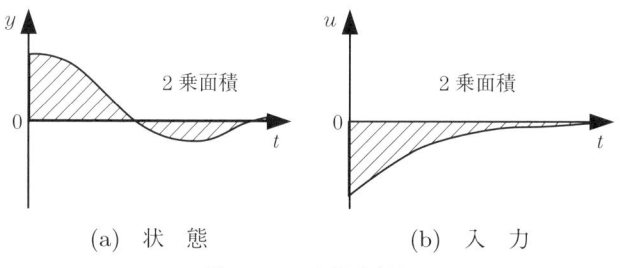

(a) 状　態 (b) 入　力

図 4.1 2 乗積分評価

$$y(t) = x(t) \tag{4.3}$$

で表されるシステムに

$$u(t) = -kx(t), \qquad k > \frac{a}{b} \tag{4.4}$$

という状態フィードバックを施したとしよう．すると，閉ループ系

$$\dot{x}(t) = (a - bk)x(t), \qquad a - bk < 0,$$
$$y(t) = x(t) \tag{4.5}$$

の振る舞いは

$$y(t) = x(t) = e^{(a-bk)t}x(0)$$

であり，その 2 乗積分の値は $x^2(0)/\{2(bk-a)\}$ となる．したがって，k を大きくすることによって，その値はいくらでも小さくすることができる．すなわち，望むだけ速く y を 0 に戻すことができるのである．

しかし，このようにフィードバックゲイン k を大きくしていく制御がよいかというと，疑問が残る．この制御を実現するためには

$$u(t) = -ke^{(a-bk)t}x(0)$$

のように，初期時刻 $t = 0$ の近傍で非常に大きな入力を加えなければならない．それは，アクチュエータが大きく動く (を大きく動かす) ことであり，避けるべきことである．そこで，大きな入力が加わらないように，u の 2 乗積分〔図 **4.1** (b) の斜線部の 2 乗面積〕に適当な重み $\gamma (> 0)$ を付けて指標に加え

$$J = \int_0^\infty \{y^2(t) + \gamma u^2(t)\} dt \tag{4.6}$$

を小さくする制御を考えるのがよいのではなかろうか．この場合，式 (4.4) のフィードバックを採用すると

$$J = \frac{(1+\gamma k^2)x^2(0)}{2(bk-a)}$$

となり，それを最小にするゲイン k は

$$k = \frac{a}{b} + \sqrt{\frac{a^2}{b^2} + \frac{1}{\gamma}} \tag{4.7}$$

である．

このような考えに基づくのが，最適レギュレータ理論である．評価関数としては，式 (4.6) を一般化した式 (4.8) を考える．

$$J(x_0, u) = \int_0^\infty \{\, y^T(t)Qy(t) + u^T(t)Ru(t) \,\} dt \tag{4.8}$$

ここに，Q, R は y, u の次元に応じた大きさの正定対称行列である．左辺の x_0 はシステムの初期状態 $x(0)$ を表し，この評価関数の値が入力 u と初期状態 x_0 によって決まることを表している．これは，右辺の出力 y の振る舞いが x_0 と u の関数であり

$$y(t) = Ce^{At}x_0 + C\int_0^t e^{A(t-\tau)}Bu(\tau)d\tau$$

と表せることによる．最適レギュレータ問題とは，初期状態 x_0 が何らかの理由で決まっているとき，入力 u を適当な時間関数に選んで $J(x_0, u)$ を最小化しようというものである．式 (4.1) の対象システムが線形 (linear) で，式 (4.8) の評価関数が 2 次形式 (quadratic form) であるため，この問題は LQ 問題とも呼ばれる．

4.2 最適状態フィードバック

最適レギュレータ問題を定式化し，その解答を与えた Kalman の論文には，状態フィードバック形式で発生される入力のうちどれを選ぶかの理由付けとして，評価関数が導入されたような記述がある．つまり，何らかの意味付けをして適切な状態フィードバック制御則を求めることが，Kalman の目的であった．

しかし，Kalman が最適入力 (評価関数を最小にする入力) を求めた方法は，状態フィードバック則を前提にはしていない．あらゆる入力 (適当に滑らかであれば，フィードバック形式で発生できないものも含む) のなかで評価関数の値を最小にするものを求めている．そして，それが結果的に状態フィードバック形式で発生できるものであった．

それに対して本節では，最初から状態フィードバック則を前提として考察する．すなわち，制御の方法として

$$u(t) = -Kx(t) \tag{4.9}$$

の形だけを考えることにする．われわれの問題は，このフィードバックのゲイン行列 K として，式 (4.8) の評価関数を最小にするものを求めることである．この結果得られる閉ループ系

$$\dot{x} = (A - BK)x(t) \tag{4.10}$$

が安定でなければ制御系として意味がないので，$A-BK$ が安定になる K のなかで最適なものを探すことにする．そのため，式 (4.1) の制御対象は可安定であると仮定している．

4.3 Riccati 方程式の導出

さて，式 (4.10) の解は

$$x(t) = e^{(A-BK)t}x_0 \tag{4.11}$$

と書ける．式 (4.11) および式 (4.9) を式 (4.8) の評価関数に代入すると，その値は

$$\begin{aligned}&J(x_0, -Kx)\\&= x_0^T \int_0^\infty e^{(A-BK)^T t}(C^T QC + K^T RK)e^{(A-BK)t}dt\, x_0\end{aligned} \tag{4.12}$$

と計算できる。行列 $(A-BK)$ が安定のとき，$e^{(A-BK)t}$ は指数関数的に減少するから，式 (4.12) の無限時間積分の存在は保証されている。

ここで，式 (4.12) の積分の部分を

$$P(K) = \int_0^\infty e^{(A-BK)^T t}(C^T QC + K^T RK)e^{(A-BK)t}dt \qquad (4.13)$$

とおく。いま $P(K)$ と書くのは，これをゲイン K の関数として扱うからである。$P(K)$ は半正定行列の積分だから，やはり半正定である。そして，$P(K)$ を使うと，評価関数は

$$J(x_0, -Kx) = x_0^T P(K) x_0 \qquad (4.14)$$

と 2 次形式の形に書ける。したがって，評価関数の値を最小にするということは，$P(K)$ が半正定行列の意味で最小になるような K を求めるということである。つまり

$$x_0^T P(K^0) x_0 \leqq x_0^T P(K) x_0, \qquad \forall x_0, \forall K \qquad (4.15)$$

が成立するような K^0 を見つけることである。

ここで注意しなければならないことが一つある。いま考えている $P(K)$ は行列であるから，任意の二つの $P(K)$ の間に，つねには大小関係は存在しない (補足 4 C 参照)。したがって，最小の $P(K)$ が存在するという保証は明らかでない。もし最小の $P(K)$ が存在しなければ，各初期状態ごとに評価関数の値が最小になるゲインを求めることになる。そして

$$\begin{aligned}x_{01}^T P(K^1) x_{01} &\leqq x_{01}^T P(K) x_{01}, \qquad \forall K, \\ x_{02}^T P(K^2) x_{02} &\leqq x_{02}^T P(K) x_{02}, \qquad \forall K \end{aligned} \qquad (4.16)$$

のように，初期状態 x_{01} に対してはゲイン K_1 が評価関数を最小にし，x_{02} に対して K_2 が最適というようなことが起きる。じつは，結論をいえば，最小の $P(K)$ は存在し〔式 (4.32) へ至る議論参照〕，このような心配はなくなるのだが，現段階ではこのような可能性も頭に入れておかなければならない。

さて，式 (4.13) で定義された $P(K)$ は，つぎのリアプノフ方程式 (4.17) の一意解である (補足 4D 参照)。

$$(A - BK)^T P(K) + P(K)(A - BK) = -(C^T QC + K^T RK) \quad (4.17)$$

式 (4.17) を使って，もし $P(K)$ に最小のものがあるとすれば，それはどのようなものであるか調べてみる。いま，その最小のものを P^0，それを実現するゲインを K^0 とする。すなわち，$P^0 = P(K^0)$，かつ

$$(A - BK^0)^T P^0 + P^0(A - BK^0) = -\left[C^T QC + (K^0)^T RK^0\right] \quad (4.18)$$

である。そして，ゲインの K^0 から $K^0 + \Delta K$ への摂動を考え，その結果の $P(K^0 + \Delta K)$ を $P^0 + \Delta P$ と書く。これらもやはりリアプノフ方程式

$$\left[A - B(K^0 + \Delta K)\right]^T (P^0 + \Delta P) + (P^0 + \Delta P)\left[A - B(K^0 + \Delta K)\right]$$
$$= -\left[C^T QC + (K^0 + \Delta K)^T R(K^0 + \Delta K)\right] \quad (4.19)$$

を満たす。P^0 が最小であるから，任意の ΔK に対して，ΔP は半正定のはずである。

ここで，式 (4.18) と式 (4.19) の差をとり，ゲインの摂動 ΔK が十分に小さいとして 2 次変動分を無視すると，ΔP に関するリアプノフ方程式

$$(A - BK^0)^T \Delta P + \Delta P(A - BK^0)$$
$$= -\left[(\Delta K)^T (RK^0 - B^T P^0) + (RK^0 - B^T P^0)^T \Delta K\right] \quad (4.20)$$

を得る。$A - BK^0$ が安定な行列なので，ΔP はこの方程式の一意解で

$$\Delta P = \int_0^\infty e^{(A - BK^0)^T t} \Big[(\Delta K)^T (RK^0 - B^T P^0)$$
$$+ (RK^0 - B^T P^0)\Delta K\Big] e^{(A - BK^0)t} dt \quad (4.21)$$

と書ける (補足 4D 参照)。この ΔP が任意の ΔK (十分に小さいとする) に対して半正定であるには，$RK^0 - B^T P^0 = 0$ でなければならない。なぜなら，

もしそうでなければ，ある ΔK に対して式 (4.21) の右辺が半正定ということは，$-\Delta K$ に対しては半負定であることを意味するからである．したがって，$P(K)$ の最小 P^0 が存在するならば，それと実現するゲイン K^0 は

$$K^0 = R^{-1}B^T P^0 \tag{4.22}$$

でなければならない．そして，P^0 は，式 (4.22) を式 (4.18) に代入して得られる

$$A^T P^0 + P^0 A - P^0 B R^{-1} B^T P^0 + C^T Q C = 0 \tag{4.23}$$

を満たす．この形の式は Riccati 方程式と呼ばれる．

4.4 フィードバックゲインの最適性

以上で，最適フィードバックゲインの候補としてわれわれが考えるべきものが明らかになった．実際，最適レギュレータ問題の解，すなわち，式 (4.8) の評価関数を最小にする入力 u は式 (4.24) のような状態フィードバックの形で与えられる．

$$u(t) = -R^{-1}B^T P x(t) \tag{4.24}$$

ここに，P は Riccati 方程式

$$A^T P + PA - PBR^{-1}B^T P + C^T Q C = 0 \tag{4.25}$$

の半正定解である．

式 (4.25) が半正定の解 P をもつことを仮定して，この結果を確かめる．まず，式 (4.24) のフィードバックを式 (4.1) の制御対象に適用して得られる閉ループ系

$$\begin{aligned}\dot{x}(t) &= (A - BR^{-1}B^T P)x(t), \\ y(t) &= Cx(t)\end{aligned} \tag{4.26}$$

の安定性から示す。そのために，式 (4.25) を

$$(A - BR^{-1}B^TP)^TP + P(A - BR^{-1}B^TP)$$
$$+ PBR^{-1}B^TP + C^TQC = 0 \qquad (4.27)$$

と書く。いま，$A - BR^{-1}B^TP$ が実部が非負の固有値 λ をもったとする。それに対する固有ベクトル ξ を右から，その共役転置 $\bar{\xi}^T$ を左から式 (4.27) に掛けると

$$2\mathrm{Re}\lambda\, \bar{\xi}^TP\xi + \bar{\xi}^TPBR^{-1}B^TP\xi + \bar{\xi}^TC^TQC\xi = 0 \qquad (4.28)$$

となる。ここに，$\mathrm{Re}\lambda$ は λ の実部を意味する。式 (4.28) の三つの項はすべて非負だから，等号が成立するためには，すべてが 0 でなければならない。そのうち，第 2 項が 0 であることは $B^TP\xi = 0$ を意味するから，λ, ξ の定義と合わせると

$$\lambda\xi = (A - BR^{-1}B^TP)\xi = A\xi$$

が成立することがわかる。また，第 3 項が 0 であることは，$C\xi = 0$ を意味する。これらをまとめると

$$\begin{bmatrix} A - \lambda I \\ C \end{bmatrix} \xi = 0 \qquad (4.29)$$

となる。したがって，実部が非負のその固有値 λ に対して

$$\mathrm{rank} \begin{bmatrix} A - \lambda I \\ C \end{bmatrix} < n \qquad (4.30)$$

であり，これは (C, A) を可検出と仮定していることに反する (補足 4 A 参照)。ゆえに，$A - BR^{-1}B^TP$ は実部が非負の固有値をもたず，式 (4.26) の閉ループ系は安定である。

さて，式 (4.8) の評価関数 $J(x_0, u)$ が最小化の前提として有限の値をもつためには，R, Q が正定であるから，少なくとも

$$u(t) \to 0, \qquad y(t) = Cx(t) \to 0, \qquad t \to \infty$$

でなければならない．このとき，$x(t) \not\to 0$ となることはあるであろうか．もしあるとすれば，$u(t) \to 0$ だから，それは $\dot{x}(t) = Ax(t)$ の振る舞いのうち，A の実部が非負の固有値によって決まるもの（システムの不安定部の振る舞い）に漸近するはずである．しかし，(C,A) が可検出対であるという仮定のもとでは，そのような振る舞いに対して $y(t) \to 0$ となることはない（補足 4 A 参照）．したがって，$J(x_0,u)$ が有限の値をとるときは

$$x(t) \to 0, \qquad t \to \infty$$

である．ゆえに，$J(x_0,u)$ を最小にする入力 u を探すとき，われわれは $x(t) \to 0$ とする入力だけを候補とすればよいのである．式 (4.26) の閉ループ系が安定であることは，式 (4.24) の状態フィードバックも最適制御の候補であることを意味している．

この準備のもとに，式 (4.8) の評価関数を計算してみる．式 (4.25) の Riccati 方程式を代入して整理し，$x(t) \to 0, \; t \to \infty$ を使うと

$$\begin{aligned}
J(&x_0, u) \\
&= \int_0^\infty \{x^T(t)(-A^T P - PA + PBR^{-1}B^T P)x(t) + u^T(t)Ru(t)\}dt \\
&= \int_0^\infty \Big[-\{Ax(t)+Bu(t)\}^T Px(t) - x^T(t)P\{Ax(t)+Bu(t)\} \\
&\qquad + \{u(t)+R^{-1}B^T Px(t)\}^T R\{u(t)+R^{-1}B^T Px(t)\} \Big]dt \\
&= \int_0^\infty \Big[-\dot{x}^T(t)Px(t) - x^T(t)P\dot{x}(t) \\
&\qquad + \{u(t)+R^{-1}B^T Px(t)\}^T R\{u(t)+R^{-1}B^T Px(t)\} \Big]dt \\
&= x_0^T P x_0 \\
&\qquad + \int_0^\infty \{u(t)+R^{-1}B^T Px(t)\}^T R\{u(t)+R^{-1}B^T Px(t)\}dt
\end{aligned}$$

$$\tag{4.31}$$

を得る.右辺第1項は入力に無関係だから,第2項の積分を最小にする入力が,評価関数全体を最小にするものである.その積分の値は非負であり,$u(t)$ を式 (4.24) の状態フィードバック入力としたとき,最小値 0 をとる.したがって,初期状態 x_0 によらず,その状態フィードバックが最適制御則であることが結論できる.この議論からわかるように,評価関数の最小値は

$$\min_u J(x_0, u) = J(x_0, -R^{-1}B^T Px) = x_0^T P x_0 \qquad (4.32)$$

である.

例として,式 (4.3) のシステムと式 (4.6) の評価関数の組合せをもう一度考えよう.この場合,Riccati 方程式は

$$2ap - \gamma^{-1} b^2 p^2 + 1 = 0$$

である.その (半) 正定解は

$$p = \frac{a\gamma}{b^2} + \sqrt{\frac{a^2 \gamma^2}{b^4} + \frac{\gamma}{b^2}}$$

であるから,式 (4.24) の最適制御則のゲインが式 (4.7) のものであることがいえる.

4.5 Riccati 方程式の解法

4.4 節では式 (4.25) の Riccati 方程式が半正定解をもつことを前提として,最適制御則が式 (4.24) の状態フィードバックで与えられることを述べた.対象システムにおいて (A, B) の組が可安定であるというわれわれの仮定のもとで,この前提が成り立つことが,以下の〔2〕で述べる計算法からいえる.そして,この方程式自体の解は複数だが (補足 4E 参照),(C, A) の組が可検出という仮定のもとで,半正定解が唯一であることがいえる (演習問題【1】参照).特に,(C, A) が可観測対であれば,その解は正定である.これについては,例えば,文献46),47) を参照されたい.

さて，式 (4.24) の最適制御則を実現するためには，半正定解を実際に求めなければならない。Riccati 方程式は非線形の方程式だから，その求解は数値計算による。ここでは，三つの計算法を与えるが，使用するコンピュータと対象システムの次元に適したものを用いるべきである。計算法の理論的背景の詳細については，例えば，文献48),49) を参照されたい。

〔**1**〕 **ハミルトン行列の固有ベクトルを用いる方法**(有本-Potter の方法[50],[51])
式 (4.25) の Riccati 方程式は

$$\begin{bmatrix} P & -I \end{bmatrix} \begin{bmatrix} A & -BR^{-1}B^T \\ -C^TQC & -A^T \end{bmatrix} \begin{bmatrix} I \\ P \end{bmatrix} = 0 \quad (4.33)$$

と書くことができる。これを満たす P を真中の $2n \times 2n$ 行列

$$H = \begin{bmatrix} A & -BR^{-1}B^T \\ -C^TQC & -A^T \end{bmatrix} \quad (4.34)$$

の固有ベクトルを用いて計算しようというのが，この方法である。式 (4.34) の行列 H はハミルトン行列と呼ばれ，その固有値は複素平面の実軸に関しても，虚軸に関しても対称に現れる (演習問題【2】参照)。

(A, B) の組が可安定，(C, A) の組が可検出という仮定のもとで，ハミルトン行列の $2n$ 個の固有値のうち，n 個の実部は必ず負である (演習問題【3】参照)。それらに対応する右固有ベクトル ($2n$ 次元) を求め，各ベクトルを前半と後半の n 次元ずつに分けて $\begin{bmatrix} \zeta_i^T & \eta_i^T \end{bmatrix}^T$ ($i = 1, 2, \cdots, n$) と書く。そのとき，$\begin{bmatrix} \eta_i^T & -\zeta_i^T \end{bmatrix}$ が符号を逆転した固有値に対する左固有ベクトルである (演習問題【2】参照)。その性質を用いると，任意の $i, j = 1, 2, \ldots, n$ について

$$\begin{bmatrix} \eta_j^T & -\zeta_j^T \end{bmatrix} \begin{bmatrix} A & -BR^{-1}B^T \\ -C^TQC & -A^T \end{bmatrix} \begin{bmatrix} \zeta_i \\ \eta_i \end{bmatrix} = 0 \quad (4.35)$$

が成立することがいえる。それらをまとめて

$$X = \begin{bmatrix} \zeta_1 & \zeta_2 & \cdots & \zeta_n \end{bmatrix}, \quad Y = \begin{bmatrix} \eta_1 & \eta_2 & \cdots & \eta_n \end{bmatrix} \quad (4.36)$$

とおくと

$$\begin{bmatrix} Y^T & -X^T \end{bmatrix} \begin{bmatrix} A & -BR^{-1}B^T \\ -C^TQC & -A^T \end{bmatrix} \begin{bmatrix} X \\ Y \end{bmatrix} = 0 \quad (4.37)$$

と書くことができる。式 (4.37) に右から X^{-1}, 左から $(X^T)^{-1}$ を掛けた結果より, Riccati 方程式の半正定解が

$$P = YX^{-1} \quad (4.38)$$

で計算できることがいえる [X が正則となり, YX^{-1} が実対称となることについては, 文献47), 52) 参照]。この方法においては, ハミルトン行列 H の実部が負の固有値が, 閉ループ系のシステム行列 $A - BR^{-1}B^TP$ の固有値でもあり, それに対応する固有ベクトルの前半 ζ_i が $A - BR^{-1}B^TP$ の固有ベクトルである (演習問題【4】参照)。

この方法によれば, 固有ベクトルの一部または全部を, 実部が負でない (この場合は, 正といっても同じである) 固有値に対する固有ベクトルと入れ替えて同様の計算を行うと, Riccati 方程式の半正定でない解を発生することもできる。

〔2〕 **Newton-Raphson 法の適用** (Kleinman の方法[53])

いま, P と K に関する方程式

$$\begin{aligned} (A - BK)^T P + P(A - BK) &= -(C^TQC + K^TRK), \\ K &= R^{-1}B^TP \end{aligned} \quad (4.39)$$

が半正定解 P をもったとする。それは, 第1式に第2式を代入して K を消去すればわかるように, 式 (4.25) の Riccati 方程式の半正定解なのである。そこで, Riccati 方程式を直接解くのではなく, そのかわりに式 (4.39) を解こうというのが, この方法である。具体的には以下の計算を行う。

まず, 仮定より (A, B) は可安定対だから, $A - BK_0$ が安定であるような K_0 が存在する。これを初期値として, つぎの反復計算を行う。

$$(A - BK_i)^T P_i + P_i(A - BK_i) = -(C^TQC + K_i^TRK_i),$$

$$K_{i+1} = R^{-1} B^T P_i, \qquad i = 0, 1, 2, \cdots \tag{4.40}$$

すなわち，K_i を与えて第 1 式のリアプノフ方程式を解き，その解 P_i を用いて K_{i+1} を更新するのである。リアプノフ方程式は線形の方程式だから，容易に解が求まる。この反復過程において

$$(A - BK_i)^T P_{i-1} + P_{i-1}(A - BK_i)$$
$$= -(C^T QC + K_i^T R K_i) - (K_i - K_{i-1})^T R(K_i - K_{i-1}) \tag{4.41}$$

が成立するから，式 (4.26) のシステムの安定性を示したのと同じ論理で $A - BK_i$ がつねに安定であることを示すことができる。その結果，式 (4.40) の第 1 式より，P_i は一意で，半正定であることが保証される (補足 4 D 参照)。そして，式 (4.40) と式 (4.41) の差

$$(A - BK_i)^T (P_{i-1} - P_i) + (P_{i-1} - P_i)(A - BK_i)$$
$$= -(K_i - K_{i-1})^T R(K_i - K_{i-1}) \tag{4.42}$$

より，同様に $P_{i-1} - P_i$ が半正定であることがいえるから，P_i は単調減少 (非増加)，したがって P_i の極限が存在し，それが Riccati 方程式の半正定解である。

〔3〕 **Riccati 微分方程式の定常解として求める方法**[52),54)]

式 (4.25) の Riccati 代数方程式のかわりに，Riccati 微分方程式

$$-\dot{\tilde{P}}(t) = A^T \tilde{P}(t) + \tilde{P}(t) A - \tilde{P}(t) B R^{-1} B^T \tilde{P}(t) + C^T QC \tag{4.43}$$

を考え，その定常解として半正定解を求めることができる。すなわち，初期値 $\tilde{P}(0)$ を適当な半正定行列として，$t \to -\infty$ の極限を計算すると，$\tilde{P}(t)$ は Riccati 代数方程式の解 P に漸近する。

$$\lim_{t \to -\infty} \tilde{P}(t) = P \tag{4.44}$$

$\tilde{P}(0)$ が P に近ければ近いほど，この収束は速い。しかし，P は未知であるから，$\tilde{P}(0) = 0$ と選ばれることが多い。この場合，$\tilde{P}(t)$ は単調に増加しながら，P に漸近する。これらの詳細については文献55) を参照されたい。

なお，式 (4.43) の Riccati 微分方程式は

$$J = x^T(T)P_T x(T) + \int_0^T \left[y^T(t)Qy(t) + u^T(t)Ru(t) \right] dt \quad (4.45)$$

を評価関数とする有限時間最適レギュレータ問題に関係している。ここで，P_T は制御の終端時刻 T における状態の制御誤差を測るために導入した重みであり，半正定対称行列である。実際

$$\tilde{P}(T) = P_T \quad (4.46)$$

とおいて，式 (4.43) を逆時間方向に解いて得られる $\tilde{P}(t)$ を用いて

$$u(t) = -R^{-1}B^T \tilde{P}(t) x(t) \quad (4.47)$$

と選べば，4.4 節と類似の議論により，それが式 (4.1) のシステムに対して式 (4.45) の評価関数を最小にする入力であることを確認できる。

4.6 最適レギュレータの性質

最適レギュレータを実現する状態フィードバックは，与えられた評価関数を最小化するだけでなく，結果として得られる図 **4.2** のフィードバック系に制御系としてのよい性質を実現する。評価関数の最小化よりもむしろこの性質のほうに注目して，最適フィードバックゲインの特徴付けが行われることもある[56]。

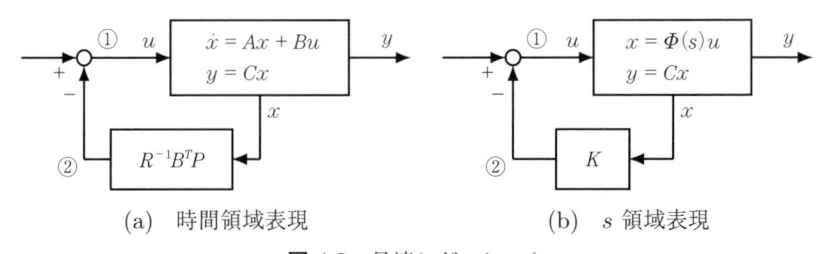

(a) 時間領域表現　　　　(b) s 領域表現

図 **4.2**　最適レギュレータ

4.6.1 還送差条件,ロバスト安定性,感度減少

最適レギュレータがもつ性質の基本的なものが,還送差条件と呼ばれるものである。それを導くために,式 (4.25) の Riccati 方程式の符号を逆転し,$j\omega P - j\omega P = 0$ を加えよう。

$$(-j\omega I - A^T)P + P(j\omega I - A) + PBR^{-1}B^T P - C^T QC = 0$$

これに左から $B^T(-j\omega I - A^T)^{-1}$,右から $(j\omega I - A)^{-1}B$ を掛けると

$$B^T P(j\omega I - A)^{-1}B + B^T(-j\omega I - A^T)^{-1}PB$$
$$+ B^T(-j\omega I - A^T)^{-1}PBR^{-1}B^T P(j\omega I - A)^{-1}B$$
$$- B^T(-j\omega I - A^T)^{-1}C^T QC(j\omega I - A)^{-1}B = 0$$

となる。ここで,最適フィードバックゲインと,制御対象の操作入力から状態への伝達関数をそれぞれ

$$K = R^{-1}B^T P,$$
$$\Phi(s) = (sI - A)^{-1}B \tag{4.48}$$

とおいて,一巡伝達関数 $K\Phi(s)$ についてつぎのように整理する。

$$\{I + \Phi^T(-j\omega)K^T\}R\{I + K\Phi(j\omega)\} = R + \Phi^T(-j\omega)C^T QC\Phi(j\omega)$$

上式の右辺第 2 項は半正定だから,**図 4.2** の点 ① における還送差 $I + K\Phi(s)$ に関して,不等式

$$\{I + \Phi^T(-j\omega)K^T\}R\{I + K\Phi(j\omega)\} \geq R \tag{4.49}$$

が成立する。これを還送差条件と呼ぶ。1 入力システムの場合,これは

$$|1 + K\Phi(j\omega)| \geq 1 \tag{4.50}$$

となり,**図 4.3** のように,$K\Phi(j\omega)$ のベクトル軌跡が点 $(-1,0)$ を中心とする半径 1 の円内を通らないことを意味するので,円条件とも呼ばれる。

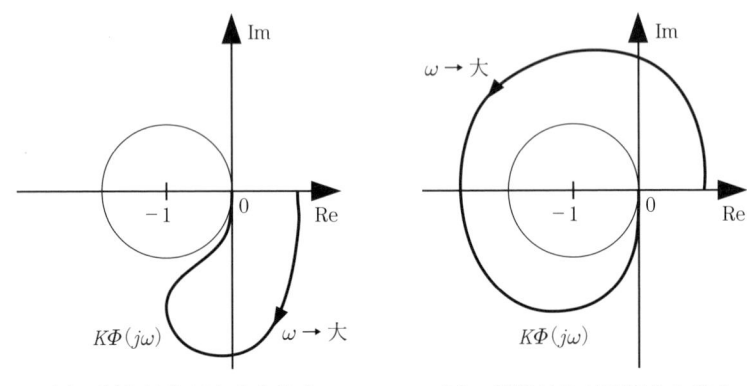

(a) 制御対象が安定な場合 (b) 制御対象が不安定な場合

図 4.3 $K\Phi(j\omega)$ のベクトル軌跡

1入力システムの場合，よく知られているように，$K\Phi(j\omega)$ のベクトル軌跡の点 $(-1,0)$ の回り方で，**図 4.2** の閉ループ系の安定性が決まる．これは，古典制御における Nyquist 定理として知られている．

いま，$K\Phi(j\omega)$ の位相が変わらず，ゲインだけが増加したとしよう．円条件が満たされていたならば，その増加がいかに大きくとも，変化後のベクトル軌跡の点 $(-1,0)$ の回り方は変わらない．したがって，安定性は保存される．同様に，ゲインが減少する場合も，1/2 までは安定性は乱されない．また，ゲインは変わらず，位相だけが変化するとすると，$60°$ の遅れまたは進みまでは許される．したがって，最適レギュレータは

(1) ゲイン余裕（余有）：無限大
(2) ゲイン減少の許容範囲：50%
(3) 位相余裕（余有）：±60°

をもち，ロバスト安定であるといわれている．多入力システムの場合はベクトル軌跡を使うことができず，別の議論が必要だが，C が単位行列，すなわち制御出力として状態を考え，R として対角のものが選ばれているとき，入力の各チャンネルごとに同じ結果が成立する[57]．

還送差条件から導かれるもう一つの性質に，感度減少がある．いま，制御対

象の操作入力から状態まで伝達関数 $\Phi(s)$ が $\Phi(s)\{I+\Delta(s)\}$ に変化したとする。このとき，図 4.2 の閉ループ系の操作入力から制御出力までの伝達関数は $C\Phi(s)\{I+K\Phi(s)\}^{-1}$ から $C\Phi(s)\{I+\Delta(s)\}[I+K\Phi(s)\{I+\Delta(s)\}]^{-1}$ に変化する。この変化後の伝達関数は変化前のそれを基準にして

$$C\Phi(s)\{I+\Delta(s)\}[I+K\Phi(s)\{I+\Delta(s)\}]^{-1}$$
$$= C\Phi(s)\{I+K\Phi(s)\}^{-1}\left(I+[I+K\Phi(s)\{I+\Delta(s)\}]^{-1}\Delta(s)\right) \tag{4.51}$$

と書くことができる。したがって，開ループ伝達関数の変化の割合 $\Delta(s)$ が十分に小さいと考えられる範囲では，閉ループ伝達関数の変化の割合は $\{I+K\Phi(s)\}^{-1}\Delta(s)$ である。1 入力システムの場合，還送差条件のもとでは

$$|\{1+K\Phi(j\omega)\}^{-1}\Delta(j\omega)| \leq |\Delta(j\omega)| \tag{4.52}$$

が成立し，ゆえに，制御対象の変動の影響が閉ループ系では全周波数帯域で小さくなっている (厳密には，大きくならないというべきであろう)。これを感度が減少している (増加しない) といい，制御系の望ましい性質である。多入力システムの場合にも，式 (4.49) より，重み行列 R が単位行列の正数倍に選ばれているときは，同様であることがわかる。

4.6.2　最小位相性，正実性

最適レギュレータの一巡伝達関数 $K\Phi(s)$ は，式 (4.49) の還送差条件を満たすだけでなく，その零点の実部が非正であるという性質をもっている。すなわち，(広い意味で) 最小位相なのである。それを示す。ここでは議論を簡単にするため，(C,A) の組は可観測であるとする。(C,A) が可観測ではなく，可検出の場合は，制御対象を C から見て可観測な部分と不可観測だが安定な部分に分けて考えればよい (後出の図 4.6 参照)。

まず，式 (4.25) の Riccati 方程式より，つぎの恒等式 (4.53) が成立することに注意する。

$$\begin{bmatrix} P & 0 \\ 0 & I \end{bmatrix} \begin{bmatrix} A - BR^{-1}B^TP - sI & -B \\ B^TP & 0 \end{bmatrix}$$

$$+ \begin{bmatrix} A^T - PBR^{-1}B^T - \bar{s}I & PB \\ -B^T & 0 \end{bmatrix} \begin{bmatrix} P & 0 \\ 0 & I \end{bmatrix}$$

$$= \begin{bmatrix} -C^TQC - PBR^{-1}B^TP - 2\operatorname{Re} sP & 0 \\ 0 & 0 \end{bmatrix} \tag{4.53}$$

そして，零点の定義から，$K\Phi(s)$ の零点のうち実部が非負のものは，つぎの行列のそのような零点に一致することが，左から順にいえる[58]。

$$\begin{bmatrix} A - sI & B \\ R^{-1}B^TP & 0 \end{bmatrix}, \quad \begin{bmatrix} A - sI & -B \\ B^TP & 0 \end{bmatrix},$$

$$\begin{bmatrix} A - BR^{-1}B^TP - sI & -B \\ B^TP & 0 \end{bmatrix} \tag{4.54}$$

これらの事実より，式 (4.53) を用いて，式 (4.54) の右端の行列が実部が正の零点をもたないことを示せば十分である。

いま，この行列が実部が正の零点 z をもったと仮定する。そのとき

$$\begin{bmatrix} A - BR^{-1}B^TP - zI & -B \\ B^TP & 0 \end{bmatrix} \begin{bmatrix} \eta \\ \xi \end{bmatrix} = \begin{bmatrix} 0 \\ 0 \end{bmatrix} \tag{4.55}$$

となるベクトル $\begin{bmatrix} \eta^T & \xi^T \end{bmatrix}^T \neq 0$ が存在する。ここに，$\eta \neq 0$ である。なぜなら，もし $\eta = 0$ ならば，$B\xi = 0$ でなければならず，それは $\xi = 0$，そして $\begin{bmatrix} \eta^T & \xi^T \end{bmatrix}^T = 0$ を意味するからである。さて，式 (4.53) の s にこの z を代入し，左から $\begin{bmatrix} \bar{\eta}^T & \bar{\xi}^T \end{bmatrix}$ を，右から $\begin{bmatrix} \eta^T & \xi^T \end{bmatrix}^T$ を掛けると

左辺 $= 0$，

右辺 $= -\bar{\eta}^T(C^TQC + PBR^{-1}B^TP + 2\operatorname{Re} zP)\eta \tag{4.56}$

となる.(C,A) が可観測対の場合,P は正定であるから,もし $\mathrm{Re}\,z>0$ ならば,右辺が負になって矛盾が生ずる.したがって,式 (4.54) の右端の行列が実部が正の零点 z をもつという仮定は成立しない.こうして,$K\varPhi(s)$ が実部が正の零点をもたないことが示された.

式 (4.56) を見ればわかるように,C が単位行列のとき,すなわち,制御出力 y として状態 x を考える場合,$\mathrm{Re}\,z=0$ であっても矛盾が生じる.したがって,この場合,$K\varPhi(s)$ の零点の実部はすべて負である.このような零点の性質は,上で述べた無限大のゲイン余裕と暗に関係している.

$K\varPhi(s)$ の零点に関して一つ補足しておく.(C,A) が可観測対の場合,P は正定なので

$$\lim_{s\to\infty} sK\varPhi(s) = KB = R^{-1}B^T PB \tag{4.57}$$

は正則である.ゆえに,$K\varPhi(s)$ の分母分子の次数差は 1 であり,この伝達関数は $\varPhi(s)$ に $m\times n$ のフィードバックゲインを掛けたものとしては最大個数の零点をもつ.(A,B) が可制御対のとき,その数は $n-m$ 個である.

さて,一巡伝達関数 $K\varPhi(s)$ の零点は,図 **4.2** のフィードバック系の点 ② を出力と見た閉ループ伝達関数 $K\varPhi(s)\{I+K\varPhi(s)\}^{-1}$ の零点でもある.したがって,この零点も実部が非正である.この事実は,つぎの不等式 (4.58) で示す $K\varPhi(s)\{I+K\varPhi(s)\}^{-1}$ が正実行列であることとも整合する.すなわち,R を単位行列の正数倍に選んだとき,式 (4.49) の還送差条件より

$$\begin{aligned}
&K\varPhi(j\omega)\{I+K\varPhi(j\omega)\}^{-1} + \{I+\varPhi^T(-j\omega)K^T\}^{-1}\varPhi^T(-j\omega)K^T \\
&= \{I+\varPhi^T(-j\omega)K^T\}^{-1} \\
&\quad \times \left[\{I+\varPhi^T(-j\omega)K^T\}\{I+K\varPhi(j\omega)\} - I + \varPhi^T(-j\omega)K^T K\varPhi(j\omega)\right] \\
&\quad \times \{I+K\varPhi(j\omega)\}^{-1} \\
&\geq 0
\end{aligned} \tag{4.58}$$

が成立することがいえる.この正実性の性質も,最適レギュレータが無限大のゲイン余裕をもつことに関係している.

4.6.3 フィードバックゲインの構造

最適な状態フィードバックの構造をもう少し詳しく調べ，それがしている仕事の理解を深める．まず，式 (4.25) の Riccati 方程式で $C = 0$ とおいた形のものを考える．

$$A^T P_1 + P_1 A - P_1 B R^{-1} B^T P_1 = 0 \tag{4.59}$$

この方程式 (4.59) では，A が安定 (固有値の実部がすべて負) ならば $(0, A)$ は可検出であるから，半正定解は一意である．それは明らかに，$P_1 = 0$ である．A が安定でないとき，$(0, A)$ はもはや可検出ではない．したがって，式 (4.59) は複数の半正定解をもつ可能性がある．そのなかの最大のもの[55)]を使って

$$u(t) = -R^{-1} B^T P_1 x(t) + v(t) \tag{4.60}$$

というフィードバックを式 (4.1) の制御対象に施す．ここに，v は新たな入力である．このとき，閉ループ系

$$\dot{x}(t) = (A - BR^{-1} B^T P_1) x(t) + B v(t),$$
$$y(t) = C x(t) \tag{4.61}$$

のシステム行列 $A - BR^{-1}B^T P_1$ の固有値は，A の非正の実部をもつ固有値と，A の正の実部をもつ固有値の符号が逆転したものからなることが知られている (演習問題【5】参照)[59)]．つまり，**図 4.4** のように，$A - BR^{-1}B^T P_1$ の固有値は，A の固有値を虚軸に関して右から左に折り返したものになる．この閉ループ系の $(C, A - BR^{-1}B^T P_1)$ が可検出であることは，(C, A) の可検出性からいえる．

いま，こうして得られた閉ループ系の式 (4.61) に式 (4.8) の評価関数を考えて，最適制御則を計算すると

$$v(t) = -R^{-1} B^T P_2 x(t) \tag{4.62}$$

である．ただし，P_2 は

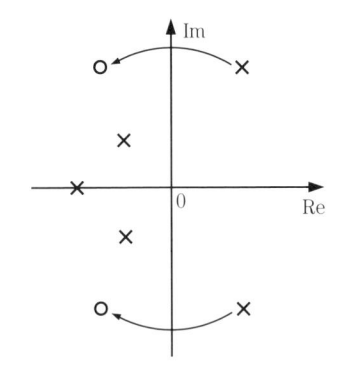

図 **4.4** 不安定固有値の折返し

$$(A - BR^{-1}B^T P_1)^T P_2 + P_2(A - BR^{-1}B^T P_1)$$
$$- P_2 BR^{-1}B^T P_2 + C^T QC = 0 \tag{4.63}$$

の半正定解である．そして，その結果得られる閉ループ系は

$$\dot{x}(t) = \{A - BR^{-1}B^T(P_1 + P_2)\}x(t),$$
$$y(t) = Cx(t) \tag{4.64}$$

である．

ここで注目すべきことは，式 (4.59) と式 (4.63) を合わせると

$$A^T(P_1 + P_2) + (P_1 + P_2)A$$
$$- (P_1 + P_2)BR^{-1}B^T(P_1 + P_2) + C^T QC = 0 \tag{4.65}$$

が成立することである．つまり，$P_1 + P_2$ は式 (4.25) の Riccati 方程式の半正定解なのである．したがって，式 (4.64) の閉ループ系は式 (4.26) の閉ループ系に一致する．このことから，与えられた評価関数に対する最適フィードバックゲイン $K = R^{-1}B^T P$ は，不安定な固有値の実部を逆転するフィードバックゲイン $K_1 = R^{-1}B^T P_1$ と，それによって安定化されたシステム (もともと実部が零の固有値をもっていれば，それは保存されているから，厳密には安定化といえない場合もある) をその評価関数について最適化するフィードバックゲイン $K_2 = R^{-1}B^T P_2$ の和 $K = K_1 + K_2$ であるといえる．この様子を図

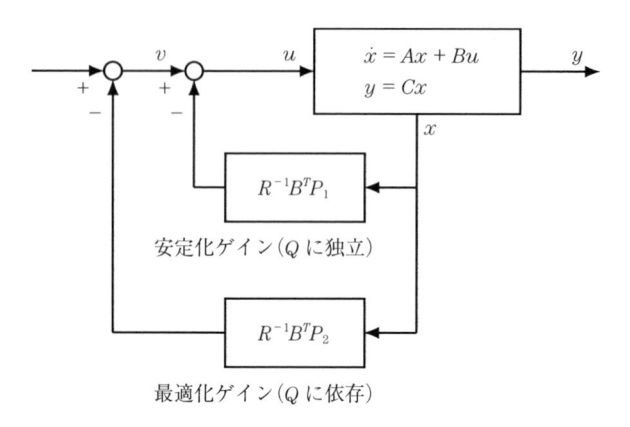

図 4.5 フィードバックゲインの分解

4.5 のように表す。安定化の部分は評価関数の重み行列のうち R には依存するが Q には独立である。Q は最適化の部分にだけ働いている。

さて，フィードバックゲインの構造を別の側面から見てみる。(C, A) が可観測でなく，可検出の場合を考える。このとき，状態空間の適当な座標変換によって，A, B, C を式 (4.66) の形に変換できる (補足 4 A 参照)。

$$A = \begin{bmatrix} A_{11} & 0 \\ A_{21} & A_{22} \end{bmatrix}, \quad B = \begin{bmatrix} B_1 \\ B_2 \end{bmatrix}, \quad C = \begin{bmatrix} C_1 & 0 \end{bmatrix} \quad (4.66)$$

ここに，(C_1, A_{11}) は可観測，A_{22} は安定な行列である。この表現に応じて，Riccati 方程式を

$$\begin{bmatrix} A_{11}^T & A_{21}^T \\ 0 & A_{22}^T \end{bmatrix} \begin{bmatrix} P_{11} & P_{12} \\ P_{12}^T & P_{22} \end{bmatrix} + \begin{bmatrix} P_{11} & P_{12} \\ P_{12}^T & P_{22} \end{bmatrix} \begin{bmatrix} A_{11} & 0 \\ A_{21} & A_{22} \end{bmatrix}$$
$$- \begin{bmatrix} P_{11} & P_{12} \\ P_{12}^T & P_{22} \end{bmatrix} \begin{bmatrix} B_1 \\ B_2 \end{bmatrix} R^{-1} \begin{bmatrix} B_1^T & B_2^T \end{bmatrix} \begin{bmatrix} P_{11} & P_{12} \\ P_{12}^T & P_{22} \end{bmatrix}$$
$$+ \begin{bmatrix} C_1^T Q C_1 & 0 \\ 0 & 0 \end{bmatrix} = \begin{bmatrix} 0 & 0 \\ 0 & 0 \end{bmatrix} \quad (4.67)$$

と書く。$P_{12} = 0$, $P_{22} = 0$, そして P_{11} を

$$A_{11}^T P_{11} + P_{11} A_{11} - P_{11} B_1 R^{-1} B_1^T P_{11} + C_1^T Q C_1 = 0 \tag{4.68}$$

の正定解〔存在は (C_1, A_{11}) の可観測性による〕とおくと，式 (4.67) は成立する．ゆえに，これらは唯一の半正定解を与える．この半正定解を使って最適フィードバックゲインを計算すると，式 (4.69) のような形をしている．

$$R^{-1} \begin{bmatrix} B_1^T & B_2^T \end{bmatrix} \begin{bmatrix} P_{11} & 0 \\ 0 & 0 \end{bmatrix} = \begin{bmatrix} R^{-1} B_1^T P_{11} & 0 \end{bmatrix} \tag{4.69}$$

この構造からいえることは，システム全体に対する最適制御は可観測な部分に対する最適制御であって，制御出力に含まれず評価関数に反映されない不可観測な部分の情報は用いていないことである（**図 4.6**）．この結果を用いると，上で述べた最適レギュレータの性質の多くを (C, A) が可観測の場合から可検出の場合に拡張することができる．

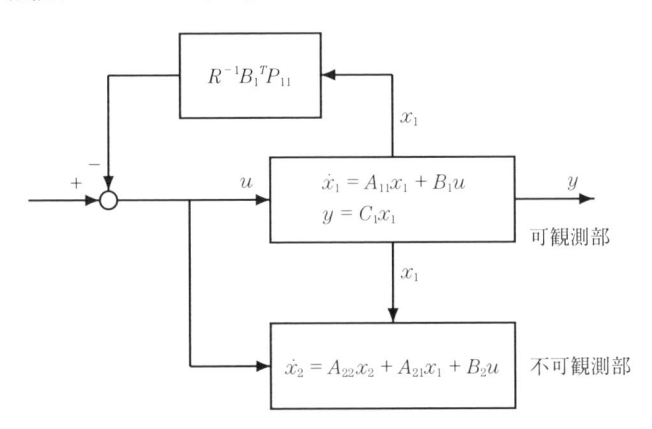

図 4.6 可検出システムに対するフィードバックゲイン

4.7 評価関数の選択

最適レギュレータ理論を実際問題に使おうとすると，評価関数の重み行列 Q, R を決めなければならない．当然のことながら，Q や R が違えば，式 (4.24)

の最適制御則のゲインは違ったものになる。その決め方に指針がないとして，理論自体が批判されたこともあった。望ましい制御特性と Q, R の選び方の関係が明らかでないというのである。それでは，望ましい制御とはどのようなものであろうか。案外，それが明確な仕様とされていないことが多いのではなかろうか。単に，安定化や応答特性がよいという仕様では，適当に Q, R を変更しながら，試行錯誤を行わざるを得ない。また，仕様が明確でも，それが2次形式の評価関数になじまない場合は，同様であって，もともと最適レギュレータ理論に期待すべきではないであろう。

最適レギュレータ理論を適用しようとするなら，それに合った仕様を与えるべきである。その仕様とはどのようなものかを明らかにするために，ここで，評価関数

$$J(x_0, u) = \int_0^\infty \left\{ y^T(t) Q y(t) + u^T(t) R u(t) \right\} dt \qquad (4.8, 再掲)$$

の意味をもう一度考えてみる。ここでは，議論を簡単にするために，Q, R は正定な対称行列のなかで最も単純な構造の，対角要素が正の対角行列

$$Q = \mathrm{diag}\{q_1, q_2, \cdots, q_p\}, \qquad R = \mathrm{diag}\{r_1, r_2, \cdots, r_m\}$$

とする。そのとき，p 次元出力 y と m 次元入力 u を

$$y = \begin{bmatrix} y_1 & y_2 & \cdots & y_p \end{bmatrix}^T, \qquad u = \begin{bmatrix} u_1 & u_2 & \cdots & u_m \end{bmatrix}^T$$

と書くと

$$y^T Q y + u^T R u = \sum_{i=1}^p q_i y_i^2 + \sum_{i=1}^m r_i u_i^2 \qquad (4.70)$$

である。つまり，評価関数の被積分関数は制御出力や操作入力の各要素の2乗の重み付き和である。このような和にどのような意味があるのであろうか。実際の問題を考えると，入力が電流で，出力が変位のように，入力と出力の物理的次元は一般に異なる。入力の要素間で，そして出力の要素間で，物理的次元が

4.7 評価関数の選択

異なることも多い．したがって，各要素の 2 乗の和は物理的意味をもたず，どのような重みの和にするかを物理的知見や仕様から決めることは不可能である．

このように，式 (4.8) の評価関数が物理的意味をもたないなら，それを最小化する意味はどこにあるのであろうか．われわれのもともとの願望に戻って考えてみると，われわれが望むのは，制御出力と操作入力のすべての変数が速やかに 0 に漸近することである．それを 2 乗積分の形で書くと，複数の目的

$$\int_0^\infty y_i^2(t)dt \to 最小化, \qquad i = 1, 2, \cdots, p$$
$$\int_0^\infty u_i^2(t)dt \to 最小化, \qquad i = 1, 2, \cdots, m \qquad (4.71)$$

を同時に実現したいということになる．しかし，これは多目的問題で，一般に，すべての 2 乗積分を同時に最小化する制御は不可能である．例えば，1 入力 1 出力システムの場合，出力の 2 乗積分を小さくしようとすると，入力の 2 乗積分が大きくなる．逆に，2 乗積分が小さい入力を加えると，出力の 2 乗積分は大きくなる．その様子を，入力の 2 乗積分を横軸，出力の 2 乗積分を縦軸として図に表すと，実行可能な制御の領域は**図 4.7** の斜線部分のようになる．縦軸方向に，かつ横軸方向に，同時に最小である点は存在しない．つまり，最適解は存在しないのである．

しかし，それに近いものとして，非劣解と呼ばれる解が存在する．非劣解とは，それより，よい解，すなわち，出力の 2 乗積分と入力の 2 乗積分が共にこ

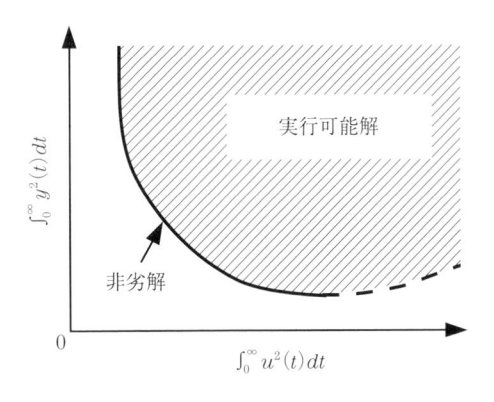

図 4.7 実行可能解と非劣解

の解より小さいような実行可能解は存在しないというもので,実行可能解の境界にあり,一意ではない。出力の2乗積分と入力の2乗積分を共に小さくするというわれわれの願望はその非劣解までしか実現できないのである。その非劣解を求める方法として,複数の目的関数のかわりに,その重み付き和を考えて1目的化して,解くという方法がある[60]。式 (4.8) の評価関数は,そのように1目的化されたされたものと見なすことができ,したがって,重み行列 Q, R が違えば,別の非劣解が求まることになる。つまり,評価関数の重み行列を選択するということは,非劣解のなかから適当な解を選好することに対応する。したがって,そのためには,出力の2乗積分と入力の2乗積分を共に小さくしたいという以上の基準が必要である。その一つがここで述べる入力分散や出力分散の許容範囲が陽に指定されている場合である[39]。

システムが平衡点にあることが望ましいという前提のもとで,われわれが制御をする必要があるのは,何らかの理由でシステム

$$\dot{x}(t) = Ax(t) + Bu(t),$$
$$y(t) = Cx(t) \tag{4.1,再掲}$$

の初期状態 x_0 が平衡点 0 から外れたときである。その初期状態の期待値と共分散行列をそれぞれ

$$\mathcal{E}[x_0] = 0, \qquad \mathcal{E}[x_0 x_0^T] = X_0 \tag{4.72}$$

とする。この状況のもとで,仕様として,出力の各要素 y_i に対して,その分散の許容範囲が

$$\int_0^\infty \mathcal{E}[y_i^2(t)]dt \leq \sigma_i^2, \qquad i = 1, 2, \cdots, p \tag{4.73}$$

のように指定されているとする。これを状態フィードバック

$$u(t) = -Kx(t) \tag{4.74}$$

で実現するものとする。そのとき,入力の各要素の分散はできる限り

$$\int_0^\infty \mathcal{E}\left[u_i^2(t)\right]dt \leq \mu_i^2, \qquad i = 1, 2, \cdots, m \tag{4.75}$$

を満たしていることが望ましいとする。このような問題設定は，宇宙構造物の姿勢制御[39]などで見られるが，一般の多入力多出力システムの制御を考えても自然なものの一つである。

この制御問題を解く準備として，出力分散の積分を求める方法を与える。まず，C の第 i 行を c_i とすると，y_i は

$$y_i(t) = c_i x(t) \tag{4.76}$$

と書ける。ゆえに

$$\int_0^\infty \mathcal{E}\left[y_i^2(t)\right]dt = c_i \left\{\int_0^\infty \mathcal{E}[x(t)x^T(t)]dt\right\}c_i^T \tag{4.77}$$

と表せる。したがって，状態の共分散行列の積分が計算できれば，すべての出力について分散の積分が計算できるのである。その状態の共分散行列の積分は，閉ループ系

$$\begin{aligned}\dot{x}(t) &= (A - BK)x(t), \\ y(t) &= Cx(t)\end{aligned} \tag{4.78}$$

に対してである。それは

$$\begin{aligned}&\int_0^\infty \mathcal{E}[e^{(A-BK)t}x_0 x_0^T \{e^{(A-BK)t}\}^T]dt \\ &= \int_0^\infty e^{(A-BK)t} X_0 \{e^{(A-BK)t}\}^T dt\end{aligned}$$

であるから，リアプノフ方程式

$$(A - BK)W + W(A - BK)^T = -X_0 \tag{4.79}$$

の解 W として求めることができる (補足 4D 参照)。こうして，状態フィードバックゲイン K が決まれば，出力分散の積分が計算できる。

$$\int_0^\infty \mathcal{E}\left[y_i^2(t)\right]dt = c_i W c_i^T \tag{4.80}$$

さて，この $c_i W c_i^T$ が式 (4.73) の仕様を満たすようにフィードバックゲイン K を決定する問題を，最適レギュレータ理論を用いて，重み行列 Q, R を調整しながら解く．まず，Q, R を

$$Q = \mathrm{diag}\{\sigma_1^{-2},\ \sigma_2^{-2},\ \cdots,\ \sigma_p^{-2}\},$$
$$R = \mathrm{diag}\{\mu_1^{-2},\ \mu_2^{-2},\ \cdots,\ \mu_m^{-2}\} \tag{4.81}$$

とおく．これは，仕様の厳しい変数に対して大きな重みを与えることを意味する．これらの Q, R について式 (4.25) の Riccati 方程式

$$A^T P + P A - P B R^{-1} B^T P + C^T Q C = 0$$

を解き

$$K = R^{-1} B^T P \tag{4.82}$$

とする．この K について，式 (4.79) のリアプノフ方程式を解き，W を求める．そして，各 i ごとに $c_i W c_i^T$ と σ_i^2 を比較して，$c_i W c_i^T > \sigma_i^2$ ならば，Q の i 番目の対角要素を大きくする．もし，逆ならば，小さくする．その変更の割合としては，いずれの場合も例えば，$c_i W c_i^T / \sigma_i^2$ 倍することが考えられる．

つぎに，変更された Q について，再び Riccati 方程式を解き，フィードバックゲインの計算を行う．この過程を繰り返し，それが収束したなら，仕様が満足されたことになり，所望の制御が実現できるのである．一般には，このような反復法が収束するという保証はない．もともと式 (4.73) の仕様自体が実現不可能なものかもしれないからである．現実には，この過程が収束しないとき，与えられた仕様は実現不可能と判断し，仕様の再検討をすることになる．仕様の実現性を理論的に調べる方法としては，共分散制御 (covariance control) という問題が考えられている[61],[62]．

以上は出力分散に対する要求を絶対的なものとした設計法であるが，入力分散に対する式 (4.75) の要求のほうを重視した設計も同様に可能である[39]．

4.8 時間依存型評価関数

ここまでの議論では,対象としてきた式 (4.1) の制御対象の係数行列は時間に依存しない定数行列,式 (4.8) の評価関数の重み行列 Q, R も定数行列であった。しかし,もともと Kalman[9] が解いた最適レギュレータ問題では,制御対象の係数行列と評価関数の重み行列は時間的に変化してもよいものであった。また,評価関数が対象とする時間区間が初期時刻 t_0 から終端時刻 t_f までの有限時間最適レギュレータ問題であった。つまり,時変システム

$$\dot{x}(t) = A(t)x(t) + B(t)u(t),$$
$$y(t) = C(t)x(t) \tag{4.83}$$

に対して,評価関数

$$J = x^T(t_f)P_f x(t_f) + \int_{t_0}^{t_f} [y^T(t)Q(t)y(t) + u^T(t)R(t)u(t)]dt \tag{4.84}$$

を最小にする制御則を求めたものである。ここに,P_f は半正定対称行列で,終端時刻における状態 $x(t_f)$ の大きさを評価するための重み行列である。この最適化問題の解は

$$u(t) = -R^{-1}(t)B^T(t)\tilde{P}(t)x(t) \tag{4.85}$$

の形で与えられる。ここに $\tilde{P}(t)$ は,式 (4.43) の Riccati 微分方程式で係数行列を時変とした

$$-\dot{\tilde{P}}(t) = A^T(t)\tilde{P}(t) + \tilde{P}(t)A(t) - \tilde{P}(t)B(t)R^{-1}(t)B^T(t)\tilde{P}(t)$$
$$+ C^T(t)Q(t)C(t),$$
$$\tilde{P}(t_f) = P_f \tag{4.86}$$

を終端時刻 t_f から初期時刻 t_0 の方向に逆時間で解いて得られる解である。

これからわかるように，重み行列が時間関数 $Q(t)$, $R(t)$ であるとき，Riccati 微分方程式の解 $\tilde{P}(t)$ は一般に時変であり，最適フィードバックゲイン $-R^{-1}(t)B^T(t)\tilde{P}(t)$ も定数行列ではない．しかし，対象システムが時間不変で，評価関数の時間区間が無限大 (つまり $t_f \to \infty$) である場合には，あるクラスの $Q(t)$, $R(t)$ に対しては，時間に依存しない最適フィードバックゲインが得られる．

そのクラスとして，非負の実数 α と正定対称行列 Q, R により $Q(t)$, $R(t)$ が

$$Q(t) = e^{2\alpha t}Q, \qquad R(t) = e^{2\alpha t}R \tag{4.87}$$

と表現できるとき，つまり評価関数が

$$J = \int_0^\infty e^{2\alpha t}\Big[y^T(t)Qy(t) + u^T(t)Ru(t)\Big]dt \tag{4.88}$$

であるときを考える[63]．このように，評価関数を指数関数 $e^{2\alpha t}$ で重み付けすることは，$y(t)e^{\alpha t}$ と $u(t)e^{\alpha t}$ を減衰させたい，つまり $y(t)$ と $u(t)$ を $e^{-\alpha t}$ より速く減衰させたいことを意味する．なお，通常の最適レギュレータ問題は，$\alpha = 0$ とおいた場合であり，本定式化に含まれている．

いま，各変数を

$$\hat{x}(t) = e^{\alpha t}x(t), \qquad \hat{u}(t) = e^{\alpha t}u(t), \qquad \hat{y}(t) = e^{\alpha t}y(t) \tag{4.89}$$

と定義すれば，式 (4.1) の制御対象は

$$\dot{\hat{x}}(t) = (A + \alpha I)\hat{x}(t) + B\hat{u}(t),$$
$$\hat{y}(t) = C\hat{x}(t) \tag{4.90}$$

と書き直すことができ，式 (4.88) の評価関数は

$$J = \int_0^\infty \Big[\hat{y}^T(t)Q\hat{y}(t) + \hat{u}^T(t)R\hat{u}(t)\Big]dt \tag{4.91}$$

と書くことができる。つまり，評価関数が時間に依存しない最適レギュレータ問題に帰着できる。したがって，$((A+\alpha I), B)$ が可安定対，$(C,(A+\alpha I))$ が可検出対であれば，式 (4.90) の制御対象と式 (4.91) の評価関数に対する最適制御則は，ただちに

$$\hat{u}(t) = -R^{-1}B^T P_\alpha \hat{x}(t) \tag{4.92}$$

と求まる。ここに P_α は，Riccati 方程式

$$(A+\alpha I)^T P_\alpha + P_\alpha(A+\alpha I) - P_\alpha BR^{-1}B^T P_\alpha + C^T QC = 0 \tag{4.93}$$

の半正定解である。このような P_α は一意に存在し，$A+\alpha I - BR^{-1}B^T P_\alpha$ は安定 (固有値の実部がすべて負) となる。式 (4.92) の制御則を，式 (4.89) を用いて，式 (4.1) の制御対象に対するものに書き直すと

$$u(t) = -R^{-1}B^T P_\alpha x(t) \tag{4.94}$$

を得る。このように，最適フィードバックゲインは時間に依存しない。

また，式 (4.1) の制御対象に式 (4.94) の制御則を施して得られる閉ループ系

$$\dot{x}(t) = (A - BR^{-1}B^T P_\alpha)x(t),$$
$$y(t) = Cx(t) \tag{4.95}$$

では，$A - BR^{-1}B^T P_\alpha$ の固有値の実部はすべて $-\alpha$ 未満である。これは，$A - BR^{-1}B^T P_\alpha + \alpha I$ の固有値の実部がすべて負であることより保証される。このように，式 (4.88) の評価関数で意図したとおり，$x(t)$ は (したがって，$y(t)$ と $u(t)$ も) $e^{-\alpha t}$ より速く減衰している。

なお，$((A+\alpha I), B)$ が可安定対かつ $(C,(A+\alpha I))$ が可検出対であるという上記問題の可解条件は，これまでに考えてきた時間に依存しない評価関数に対する最適レギュレータ問題の可解条件，すなわち (A, B) が可安定対かつ (C, A) が可検出対という条件より少し厳しい。

4.9 周波数依存型評価関数

図 4.3 からわかるように，一巡伝達関数 $K\Phi(s)$ の高周波帯域における位相遅れは $90°$ である．これは制御対象の次数に関係なく，いくら高次のシステムであっても，最適レギュレータが共通にもっている性質である．したがって，最適レギュレータの安定性は，$K\Phi(j\omega)$ の位相を進めて (が遅れないようにして) ベクトル軌跡が点 $(-1, 0)$ を避けることによって確保されていると見なすことができる．つまり，位相特性によって安定化されているのである．

このような安定化はときとして危険な場合がある．式 (4.24) の状態フィードバックは状態変数が直接測定できないとき，5 章で述べるオブザーバによる状態推定値を用いて実現される．オブザーバには位相遅れがあり，そのためオブザーバを加えると一巡伝達関数のベクトル軌跡は時計方向に回転して点 $(-1, 0)$ に近づく．これでは，最適レギュレータがもつというロバスト安定性を実現できず，不安定になる可能性もある[64]．そこで，オブザーバの位相遅れを小さくする loop transfer recovery (LTR) という方法が提案されている[65]．しかし，これはいつでも可能というわけではなく，またその実現のためには高ゲインを用いるなどの問題がある．オブザーバを用いない場合でも，センサやアクチュエータの周波数帯域が狭ければ，同様の危険がある．

この危険を回避するには，一巡伝達関数の高周波帯域におけるゲインを小さくして，ゲイン特性によってレギュレータの安定性を保証すればよい．しかし，最適レギュレータ問題は時間領域で定式化されているから，一巡伝達関数に希望する周波数特性をもたせるような設計ができるであろうか．じつは，評価関数の重み行列に周波数特性をもたせることによって，それは可能なのである．こうした周波数依存型評価関数[66],[67] を考えることは，周波数応答に基づく古典制御理論の知見を状態方程式に基づく制御系設計に導入することを可能にする．

それでは，式 (4.8) の評価関数 $J(x_0, u)$ の重み行列 Q, R に周波数特性をもたせるにはどうすればよいであろうか．式 (4.8) は時間領域の表現であるから，

4.9 周波数依存型評価関数

直接にはできない。そこで，Parsevalの等式を用いて，周波数領域の表現

$$J = \frac{1}{2\pi} \int_{-\infty}^{+\infty} \{\hat{y}^T(-j\omega)Q\hat{y}(j\omega) + \hat{u}^T(-j\omega)R\hat{u}(j\omega)\}d\omega \quad (4.96)$$

に書き替える。ここに，$\hat{y}$, $\hat{u}$ はそれぞれ y, u のフーリエ変換である。こうすると，Q, R として周波数に依存する $Q(j\omega)$, $R(j\omega)$ を考えることができる。

こうして周波数依存型の重み行列を導入することができることはわかったが，この評価関数に対する最適制御入力はどうすれば計算できるだろう。その計算は，問題をまた時間領域に戻して行う。そのために，周波数依存重み行列 $Q(j\omega)$, $R(j\omega)$ のクラスを

$$Q(s) = E^T(\bar{s})E(s), \qquad R(s) = D^T(\bar{s})D(s) \quad (4.97)$$

のように表せるものに限る。さらに，$E(s)$ は安定かつプロパーな有理関数行列，$D(s)$ は正則でその逆行列 $D^{-1}(s)$ が安定かつプロパーな有理関数行列であるとする。重み行列に対するこのような制約は実際上ほとんど問題にならない。

さて，この重み行列の分解を使って，新しい変数

$$\hat{w}(j\omega) = E(j\omega)\hat{y}(j\omega), \qquad \hat{v}(j\omega) = D(j\omega)\hat{u}(j\omega) \quad (4.98)$$

を導入すると，式 (4.96) の評価関数は

$$J = \frac{1}{2\pi} \int_{-\infty}^{+\infty} \{\hat{w}^T(-j\omega)\hat{w}(j\omega) + \hat{v}^T(-j\omega)\hat{v}(j\omega)\}d\omega \quad (4.99)$$

と書け，Parsevalの等式によって，再び時間領域に戻すことができる。

$$J = \int_0^\infty \{w^T(t)w(t) + v^T(t)v(t)\}dt \quad (4.100)$$

ここに，w, v はそれぞれ $\hat{w}$, $\hat{v}$ の逆フーリエ変換である。

この評価関数を最小化するには，式 (4.98) によって定義された新たな変数 w, v の関係を知らなければならない。いま，$E(s)$, $D^{-1}(s)$ の状態方程式実現をそれぞれ

$$E(s): \quad \dot{z}_1(t) = F_1 z_1(t) + G_1 y(t),$$
$$w(t) = H_1 z_1(t) + M_1 y(t) \tag{4.101}$$
$$D^{-1}(s): \quad \dot{z}_2(t) = F_2 z_2(t) + G_2 v(t),$$
$$u(t) = H_2 z_2(t) + M_2 v(t) \tag{4.102}$$

とする.これらと式 (4.1) を合わせて,w と v の関係は式 (4.103) のように記述できる (図 **4.8**)。

$$\begin{bmatrix} \dot{z}_1(t) \\ \dot{x}(t) \\ \dot{z}_2(t) \end{bmatrix} = \begin{bmatrix} F_1 & G_1 C & 0 \\ 0 & A & BH_2 \\ 0 & 0 & F_2 \end{bmatrix} \begin{bmatrix} z_1(t) \\ x(t) \\ z_2(t) \end{bmatrix} + \begin{bmatrix} 0 \\ BM_2 \\ G_2 \end{bmatrix} v(t),$$

$$w(t) = \begin{bmatrix} H_1 & M_1 C & 0 \end{bmatrix} \begin{bmatrix} z_1(t) \\ x(t) \\ z_2(t) \end{bmatrix} \tag{4.103}$$

この $\begin{bmatrix} z_1^T & x^T & z_2^T \end{bmatrix}^T$ を状態,v を入力,w を出力としたシステムを拡大系と呼ぶ.したがって,式 (4.96) と式 (4.97) で定義される周波数依存型評価関数に対する最適レギュレータ問題は,この拡大系と,出力重み行列と入力重み行列が共に単位行列の式 (4.100) の評価関数に対する通常の最適レギュレータ問題に帰着する.そして,最適制御入力が

$$v(t) = -\begin{bmatrix} K_{z1} & K_x & K_{z2} \end{bmatrix} \begin{bmatrix} z_1(t) \\ x(t) \\ z_2(t) \end{bmatrix} \tag{4.104}$$

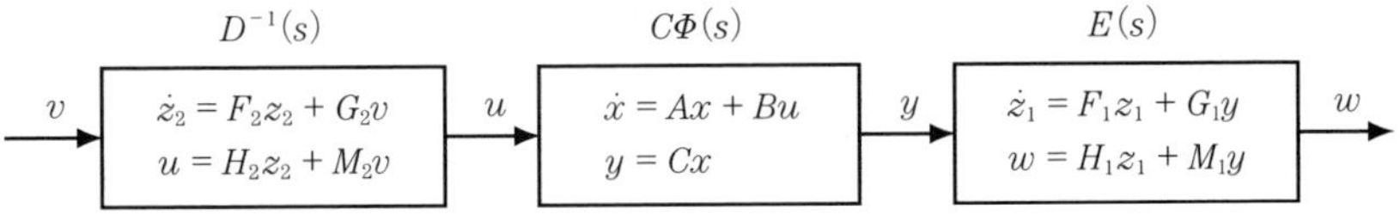

$$\begin{array}{ccc} D^{-1}(s) & C\Phi(s) & E(s) \end{array}$$

$v \rightarrow \boxed{\begin{array}{l} \dot{z}_2 = F_2 z_2 + G_2 v \\ u = H_2 z_2 + M_2 v \end{array}} \xrightarrow{u} \boxed{\begin{array}{l} \dot{x} = Ax + Bu \\ y = Cx \end{array}} \xrightarrow{y} \boxed{\begin{array}{l} \dot{z}_1 = F_1 z_1 + G_1 y \\ w = H_1 z_1 + M_1 y \end{array}} \rightarrow w$

図 **4.8** 拡 大 系

の形で求まる。われわれが制御対象に実際に加える入力は v ではなく u であるが，それはこの v を式 (4.102) のシステムに加えることによって，その出力として得られる。

以上をまとめると，周波数依存型評価関数に対する最適レギュレータの構成は図 **4.9** のようになる。結局，状態 x から入力 u の間に $E(s)$ や $D^{-1}(s)$ を含むフィルタのようなものが入った形で最適制御則

$$\hat{u}(s) = -K(s)\hat{x}(s) \tag{4.105}$$

が得られた。ただし，ゲインは

$$\begin{aligned} K(s) = {} & D^{-1}(s)\{I + K_{z2}(sI - F_2)^{-1}G_2\}^{-1} \\ & \times \{K_x + K_{z1}(sI - F_1)^{-1}G_1 C\} \end{aligned} \tag{4.106}$$

である。通常の最適レギュレータ問題の場合の定ゲインフィードバックと異な

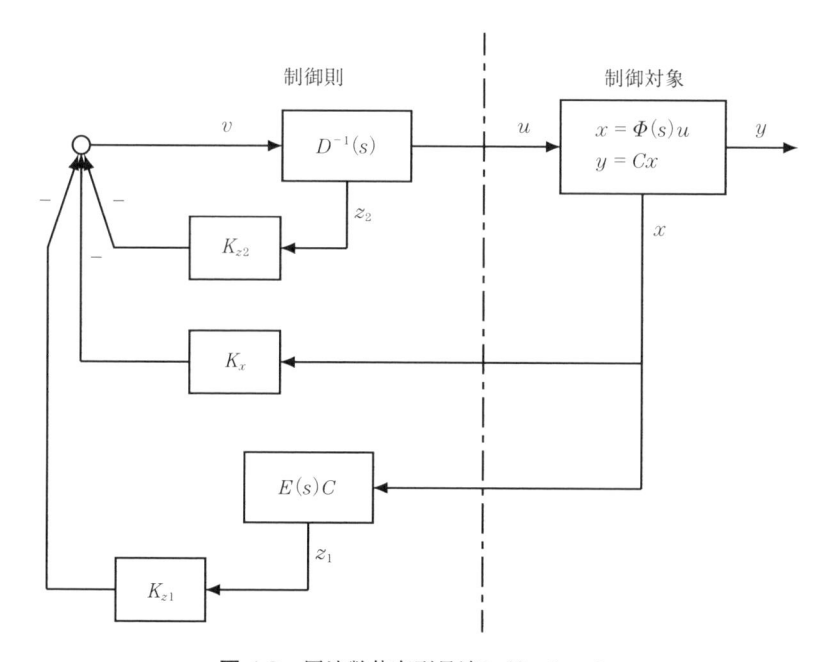

図 **4.9** 周波数依存型最適レギュレータ

り，周波数特性をもっている。その結果，一巡伝達関数 $K(s)\varPhi(s)$ の周波数特性はもはや還送差条件を満たすとは限らない。

重み行列の具体的な周波数特性として考えられるものを一つ紹介する (7 章参照)。一般に，制御系設計用の数式モデルの不確実さは高周波帯域で大きい。したがって，入力が大きな高周波成分をもつものだと，システムは数式モデルから予想される振る舞いとは異なった動作をして，設計意図から外れる可能性がある。さらに，それはフィードバックされて，システムを不安定にする恐れもある。このような場合，$R(j\omega) = D^T(-j\omega)D(j\omega)$ が高周波帯域で大きくなるように，すなわち，$D^{-1}(j\omega)$ がローパスフィルタ特性をもつように決めれば，制御対象の高周波部は励起されず，ロバスト安定で期待どおりの動作をする制御系が構成できるであろう[68]。こうすると，結果的に一巡伝達関数のゲインは高周波帯域で十分に小さくなっており，状態変数をオブザーバを介して取り出しても，それによる位相遅れが脅威にならない。Q のほうは定値でよい。

Kalman が提案した最適レギュレータ理論は，ダイナミカルシステム理論としては，整った理論である。しかし，実際の制御に使うという観点からは，十分とはいえない側面もあった。そのため，最適レギュレータ理論を有用とする人もいれば，疑問をもつ人もいた。周波数依存型最適レギュレータは，その不十分な点を補うもので，よりよい制御系設計を可能にする。

4.10　H_2 最適制御としての解釈

4.9 節で，Parseval の等式を用いれば，2 次形式評価関数の意味を周波数領域で考えることができることを述べた。その議論をもっと進めると，この形の評価関数を最小にする問題は，ある外乱からある制御出力までの周波数応答の 2 乗積分を最小にする H_2 最適制御問題と等価であることがいえる[69],[70]。以下では，周波数依存型評価関数を対象にそれを議論するが，評価関数の重み行列が定数の場合もその特別な場合として含まれる。

これまで，評価関数は初期状態 x_0 に対する応答 (外乱はないとする) に対し

4.10 H_2 最適制御としての解釈

て考えてきたが，図 **4.10** のようにシステムを表現して，それと等価な $x_0\delta(t)$ というインパルス状外乱に対する応答 (初期状態は 0 とする) に対して計算されるとしてもよい (補足 4F 参照)．また，4.9 節で考えた周波数依存型評価関数

$$J = \frac{1}{2\pi}\int_{-\infty}^{+\infty}\{\hat{y}^T(-j\omega)E^T(-j\omega)E(j\omega)\hat{y}(j\omega)$$
$$+ \hat{u}^T(-j\omega)D^T(-j\omega)D(j\omega)\hat{u}(j\omega)\}d\omega \quad (4.107)$$

は，制御出力

$$\hat{z}(j\omega) = \begin{bmatrix} \hat{w}(j\omega) \\ \hat{v}(j\omega) \end{bmatrix} = \begin{bmatrix} E(j\omega)\hat{y}(j\omega) \\ D(j\omega)\hat{u}(j\omega) \end{bmatrix} \quad (4.108)$$

の 2 乗積分

$$J = \frac{1}{2\pi}\int_{-\infty}^{+\infty}\hat{z}^T(-j\omega)\hat{z}(j\omega)d\omega \quad (4.109)$$

と考えることができる．すなわち，最適レギュレータ問題は，インパルス状外乱に対してこの制御出力の 2 乗積分を最小にするように，状態 (観測出力) x から操作入力 u へのフィードバックゲイン $K(s)$ を決める問題であると解釈することができる．

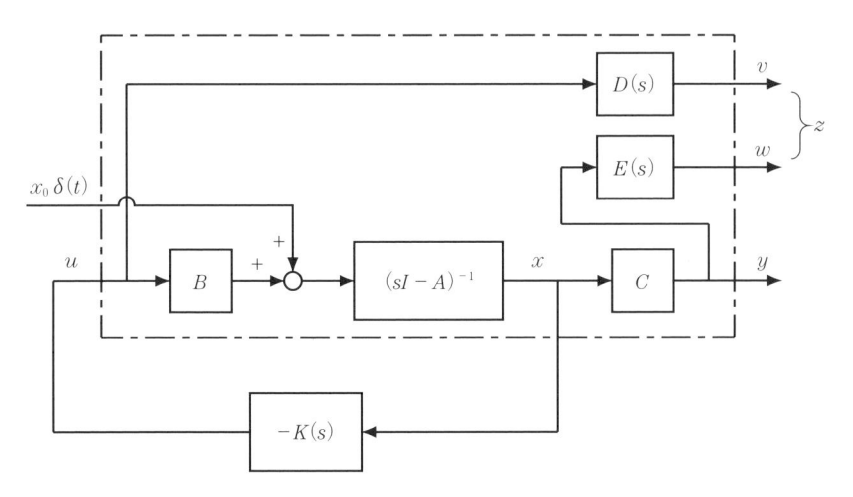

図 4.10 最適レギュレータの等価表現

さて，図 **4.10** の制御系における外乱 $x_0\delta(t)$ から制御出力 z までの伝達関数を $F(s)$ とすると，$\hat{z}(j\omega)$ は

$$\hat{z}(j\omega) = F(j\omega)x_0 \tag{4.110}$$

と表せる．したがって，評価関数の値は

$$J = x_0^T \left[\frac{1}{2\pi} \int_{-\infty}^{+\infty} F^T(-j\omega)F(j\omega)d\omega \right] x_0 \tag{4.111}$$

となる．

ここで，x_0 としてとりうる値をすべて平等に考え，規格化して，その期待値と共分散行列を

$$\mathcal{E}\left[x_0\right] = 0, \qquad \mathcal{E}\left[x_0 x_0^T\right] = I \tag{4.112}$$

とすると，評価関数の期待値は

$$\begin{aligned}
\mathcal{E}(J) &= \frac{1}{2\pi} \mathcal{E} \left[\int_{-\infty}^{+\infty} \text{trace}\{x_0^T F^T(-j\omega)F(j\omega)x_0\}d\omega \right] \\
&= \frac{1}{2\pi} \mathcal{E} \left[\int_{-\infty}^{+\infty} \text{trace}\{F^T(-j\omega)F(j\omega)x_0 x_0^T\}d\omega \right] \\
&= \frac{1}{2\pi} \int_{-\infty}^{+\infty} \text{trace}\{F^T(-j\omega)F(j\omega)\}d\omega
\end{aligned} \tag{4.113}$$

と表すことができる．ここに，trace は { } 内の行列の対角要素の総和を意味し，$F(j\omega)$ の (k,l) 要素を $f_{kl}(j\omega)$，$k=1,2,\cdots,p+m$，$l=1,2,\cdots,n$ と表すと

$$\begin{aligned}
\text{trace}\{F^T(-j\omega)F(j\omega)\} &= \sum_{k=1}^{p+m} \sum_{l=1}^{n} f_{kl}(-j\omega)f_{kl}(j\omega) \\
&= \sum_{k=1}^{p+m} \sum_{l=1}^{n} |f_{kl}(j\omega)|^2
\end{aligned} \tag{4.114}$$

である．したがって，式 (4.113) の右辺は $F(j\omega)$ のすべての要素の絶対値の 2 乗の和の積分であり，その平方根は $F(s)$ の H_2 ノルムと呼ばれる．こうして，

4.11 H_∞ 制御との関係

最適レギュレータ問題は，図 **4.10** の外乱から制御出力までの周波数応答の H_2 ノルムを最小にするようにフィードバックゲイン $K(s)$ を決める問題と等価であるということができた．すなわち，一つの H_2 最適制御問題であるということである．

4.11 H_∞ 制御との関係

H_∞ 制御理論[23),71),72)] はもともと周波数領域で定式化されたもので，制御対象は伝達関数を使って

$$\begin{bmatrix} \hat{z}(s) \\ \hat{y}_m(s) \end{bmatrix} = \begin{bmatrix} G_{11}(s) & G_{12}(s) \\ G_{21}(s) & G_{22}(s) \end{bmatrix} \begin{bmatrix} \hat{d}(s) \\ \hat{u}(s) \end{bmatrix} \tag{4.115}$$

のように表される．ここに，$\hat{z}, \hat{y}_m, \hat{d}, \hat{u}$ はそれぞれ制御出力 z，観測出力 y_m，外乱 d，操作入力 u のラプラス変換である．そして，制御仕様は，コントローラ

$$\hat{u}(s) = -K(s)\hat{y}_m(s) \tag{4.116}$$

を施して得られる閉ループ系 (図 **4.11**) の $\hat{d}$ から $\hat{z}$ までの伝達関数 (補足 4G 参照)

$$G(s) = G_{11}(s) - G_{12}(s)\{I + K(s)G_{22}(s)\}^{-1}K(s)G_{21}(s) \tag{4.117}$$

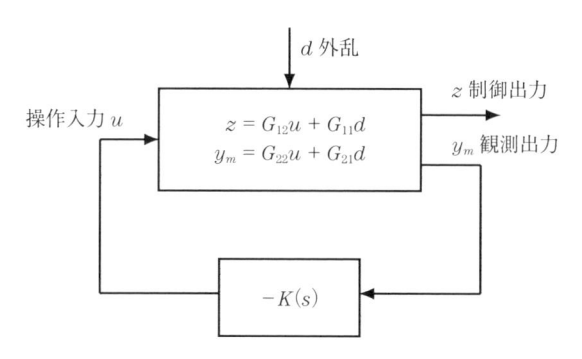

図 **4.11** 閉ループ系

の H_∞ ノルムを指定された値 γ 未満にするものである。

$$\|G(s)\|_\infty < \gamma \tag{4.118}$$

ただし, H_∞ ノルムとは, 安定な伝達関数 $G(s)$ に対して

$$\|G(s)\|_\infty = \sup_\omega \sqrt{\lambda_{\max}[G^T(-j\omega)G(j\omega)]} \tag{4.119}$$

で定義され, 伝達関数が 1 入力 1 出力の場合は, 周波数応答のゲインのピーク値である。ここに, $\lambda_{\max}$ は最大固有値を意味する。したがって, 式 (4.118) は

$$G^T(-j\omega)G(j\omega) < \gamma^2 I, \quad \forall \omega \tag{4.120}$$

と等価である。ただし, ω は無限遠点も含めて考える。

この仕様は周波数領域で与えられているが, Parseval の等式を用いると, 時間領域でも表現できる。すなわち, $\hat{z}(j\omega) = G(j\omega)\hat{d}(j\omega)$ であるから

$$\int_0^\infty z^T(t)z(t)dt = \frac{1}{2\pi}\int_{-\infty}^\infty \hat{z}^T(-j\omega)\hat{z}(j\omega)d\omega,$$

$$\int_0^\infty d^T(t)d(t)dt = \frac{1}{2\pi}\int_{-\infty}^\infty \hat{d}^T(-j\omega)\hat{d}(j\omega)d\omega$$

と式 (4.120) を用いると, 不等式 (4.118) は, 2 乗可積分な d のすべてについて

$$\int_0^\infty z^T(t)z(t)dt < \gamma^2 \int_0^\infty d^T(t)d(t)dt \tag{4.121}$$

が成立することと等価であることがいえる[73]。この事実をもとに, H_∞ 制御問題の時間領域の解法が発達している[23],[74]。

その解を見ると, H_∞ 制御問題と最適レギュレータ問題の類似点, 相違点がわかる[75]。例えば, 対象システムが

$$\dot{x}(t) = Ax(t) + Bu(t) + Ed(t),$$

$$y(t) = Cx(t),$$

$$z(t) = \begin{bmatrix} y(t) \\ u(t) \end{bmatrix},$$

$$y_m(t) = x(t) \tag{4.122}$$

のように表されている場合を考える。(A, B) は可安定対, (C, A) は可検出対とする。このとき,最適レギュレータ問題は, $d(t) \equiv 0$ の状況で,任意の初期状態 $x(0)$ に対して

$$J = \int_0^\infty z^T(t)z(t)dt \tag{4.123}$$

を最小化する入力 u を求める問題である。ただし,ここでは,式 (4.8) において $Q = I_p$, $R = I_m$ とおいた評価関数を考えていることになる。この問題の解は,4.4 節で与えたように,Riccati 方程式

$$A^T P + PA - PBB^T P + C^T C = 0 \tag{4.124}$$

の半正定解 P (つねに存在) を使って

$$u(t) = -B^T P y_m(t) \ \ (= -B^T P x(t)) \tag{4.125}$$

で与えられる。

それに対して,2 乗可積分な外乱 d に対して式 (4.121) を仕様とする H_∞ 制御問題の解は,(微小な) 正数 ε をもつ Riccati 方程式

$$A^T \tilde{P} + \tilde{P} A - \tilde{P} BB^T \tilde{P} + \frac{1}{\gamma^2} \tilde{P} EE^T \tilde{P} + C^T C + \varepsilon I = 0 \tag{4.126}$$

の半正定解 $\tilde{P}$ (存在すれば,じつは正定) を使って,同様に

$$u(t) = -B^T \tilde{P} y_m(t) \ \ (= -B^T \tilde{P} x(t)) \tag{4.127}$$

の形で与えられる (補足 4 H 参照)。ただし,初期状態 x_0 は 0 とする。

ところで,最適レギュレータ問題において,初期状態 x_0 を考えることと,それを 0 として,あるインパルス状外乱が状態変数に加わったと考えることは,等価であることを 4.10 節で述べた。したがって,H_∞ 制御問題が 2 乗可積分な外乱に対する制御出力の定量的仕様を与えているのに対して,最適レギュレー

タ問題はインパルス状外乱に対する制御出力の最小化という定性的仕様を要求するものとも解釈できる。

また，式 (4.124) および式 (4.126) の二つの Riccati 方程式を比較すると，つぎのことがいえる。すなわち，H_∞ 制御の式 (4.127) の制御則は

$$\tilde{J} = \int_0^\infty \Big[y^T(t)y(t) + u^T(t)u(t) + \frac{1}{\gamma^2} x^T(t)\{\tilde{P}EE^T\tilde{P} + \varepsilon I\}x(t) \Big] dt \tag{4.128}$$

を評価関数としたとき，最適レギュレータの意味で最適である。この評価関数の第2項は，最も大きく影響する外乱の大きさを評価したもので，それを含めて，最小値を与える結果が，H_∞ 制御の解であるといえる。以上，最適レギュレータ問題と H_∞ 制御問題との類似点と相違点の概略を述べた。実際の制御問題への適用においては，その問題にとってどちらが適切な道具かを判断しながら用いるべきであろう。

4.12 補　　　　足

4A　可制御性，可安定性，可観測性，可検出性

- 式 (4.1) のシステムが可制御
    - $\iff$ 任意の初期状態 x_0 から，有限時間の入力 u で，状態を 0 に移すことができる。
    - $\iff$ rank $\begin{bmatrix} B & AB & A^2B & \cdots & A^{n-1}B \end{bmatrix} = n$
    - $\iff$ rank $\begin{bmatrix} A - sI & B \end{bmatrix} = n, \quad \forall s \in \{\text{複素数}\}$
    - $\iff$ 適当に K を選ぶことによって，$A - BK$ の固有値を任意の値に設定することができる (補足 4B 参照)。
- 式 (4.1) のシステムが可安定
    - $\iff$ 適当に K を選ぶことによって，$A - BK$ の固有値の実部をすべて負に設定することができる。

$\iff$ システムの不安定部 (もし,あるとすれば) が可制御である。
  $\iff$ システムの不可制御部 (もし,あるとすれば) が安定である。
  $\iff$ 状態空間を適当に座標変換することによって,(A, B) の組を
  $$\begin{bmatrix} A_{11} & A_{12} \\ 0 & A_{22} \end{bmatrix}, \quad \begin{bmatrix} B_1 \\ 0 \end{bmatrix}$$
  の形に変換できる。ただし,(A_{11}, B_1) の組は可制御,A_{22} は安定な行列である。
  $\iff \mathrm{rank} \begin{bmatrix} A - sI & B \end{bmatrix} = n, \quad \forall s \in \{$ 実部が非負の複素数 $\}$

- 式 (4.1) のシステムが可観測
  $\iff$ 有限時間の入力 u と出力 y の情報から,初期状態 x_0 を知ることができる。
  $\iff \mathrm{rank} \begin{bmatrix} C \\ CA \\ CA^2 \\ \vdots \\ CA^{n-1} \end{bmatrix} = n$
  $\iff \mathrm{rank} \begin{bmatrix} A - sI \\ C \end{bmatrix} = n, \quad \forall s \in \{$ 複素数 $\}$
  $\iff$ 適当に L を選ぶことによって,$A - LC$ の固有値を任意の値に設定することができる (補足 4B 参照)。

- 式 (4.1) のシステムが可検出
  $\iff$ 適当に L を選ぶことによって,$A - LC$ の固有値の実部をすべて負に設定することができる。
  $\iff$ システムの不安定部 (もし,あるとすれば) が可観測である。
  $\iff$ システムの不可観測部 (もし,あるとすれば) が安定である。
  $\iff$ 状態空間を適当に座標変換することによって,(C, A) の組を

$$\begin{bmatrix} C_1 & 0 \end{bmatrix}, \quad \begin{bmatrix} A_{11} & 0 \\ A_{21} & A_{22} \end{bmatrix}$$

の形に変換できる．ただし，(C_1, A_{11}) の組は可観測，A_{22} は安定な行列である．

$$\iff \mathrm{rank} \begin{bmatrix} A - sI \\ C \end{bmatrix} = n, \quad \forall s \in \{\text{実部が非負の複素数}\}$$

4B 極 指 定

極指定問題とは，式 (4.1) のシステムに状態フィードバック

$$u(t) = -Kx(t)$$

を施して，閉ループ系

$$\dot{x}(t) = (A - BK)x(t)$$
$$y(t) = Cx(t)$$

の極 ($A - BK$ の固有値) を指定された値に設定しようというものである．

フィードバックゲイン K を適当に選ぶことによって，$A - BK$ の固有値を任意に (ただし，複素固有値は共役な組として) 設定できるための必要十分条件は，(A, B) が可制御対であることである[13),76)]．実際，可制御な 1 入力系は，状態空間を適当に座標変換することによって，(A, B) の組を

$$A = \begin{bmatrix} 0 & 1 & 0 & \cdots & 0 \\ 0 & 0 & 1 & & \vdots \\ \vdots & \vdots & & \ddots & 0 \\ 0 & 0 & \cdots & 0 & 1 \\ a_1 & a_2 & \cdots & a_{n-1} & a_n \end{bmatrix}, \quad B = \begin{bmatrix} 0 \\ \vdots \\ 0 \\ 0 \\ 1 \end{bmatrix}$$

の形に変換できる (A のような形をコンパニオン型と呼ぶ)．したがって

$$K = \begin{bmatrix} k_1 & k_2 & \cdots & k_{n-1} & k_n \end{bmatrix}$$

とおくと

$$\det(sI - A + BK) = s^n + (k_n - a_n)s^{n-1} + (k_{n-1} - a_{n-1})s^{n-2} + \cdots$$
$$+ (k_2 - a_2)s + (k_1 - a_1)$$

となるから，$k_1, k_2, \cdots, k_{n-1}, k_n$ を適当に選ぶことにより，$A - BK$ の特性多項式 (つまり固有値) を，任意に設定できることがわかる．多入力系の場合も，議論が煩雑になるので省略するが，同様に示すことができる．

4C 対称行列の大小関係

二つの $n \times n$ 対称行列 M_1, M_2 について，M_1 が M_2 より大きいとは，任意の n 次元ベクトル x に対して

$$x^T M_2 x \leqq x^T M_1 x \tag{4.129}$$

が成立することをいう．ただし，等号はすべての x については成立しないとする．

任意の同じ次元の対称行列の間に大小関係が存在するわけではない．例えば

$$M_1 = \begin{bmatrix} 1 & 0 \\ 0 & 2 \end{bmatrix}, \qquad M_2 = \begin{bmatrix} 2 & 0 \\ 0 & 1 \end{bmatrix} \tag{4.130}$$

の間には，大小関係はない．

4D リアプノフ方程式

A が安定行列のとき，P に関するリアプノフ方程式

$$A^T P + PA = -Q \tag{4.131}$$

の解は一意で

$$P = \int_0^\infty e^{A^T t} Q e^{At} dt \tag{4.132}$$

と書ける。なぜなら

$$\begin{aligned} A^T P + PA &= \int_0^\infty \frac{d}{dt}(e^{A^T t} Q e^{At}) dt \\ &= \left[e^{A^T t} Q e^{At} \right]_0^\infty \\ &= -Q \end{aligned} \tag{4.133}$$

だからである。式 (4.132) より，Q が正定なら解 P も正定，Q が半正定なら P も半正定 (正定になることもある) であることに注意する。

同様に，リアプノフ微分方程式

$$-\dot{P}(t) = A^T P(t) + P(t)A + Q \tag{4.134}$$

の，初期条件 $P(0) = P_0$ に対する解は，$t < 0$ において

$$P(t) = e^{-A^T t} P_0 e^{-At} + \int_t^0 e^{-A^T(t-\tau)} Q e^{-A(t-\tau)} d\tau \tag{4.135}$$

と書ける。実際，式 (4.135) を微分すれば式 (4.134) になり，初期条件も満たしている。この場合，P_0 と Q が半正定ならば $P(t)$ も半正定である。そのうえで，P_0 と Q の一方でも正定なら，$P(t)$ も正定である。

4E　Riccati 方程式の複数の解

1. (A, B)：可制御 (可安定)，(C, A)：可観測 (可検出) の場合，(半) 正定解は一意

$$A = \begin{bmatrix} 0 & 1 \\ 1 & -1 \end{bmatrix}, \quad B = \begin{bmatrix} 0 \\ 1 \end{bmatrix}, \quad C = \begin{bmatrix} 1 & 0 \end{bmatrix},$$

$$Q = 1, \quad R = 1,$$

$$P_1 = \begin{bmatrix} 3 + \sqrt{2} & 1 + \sqrt{2} \\ 1 + \sqrt{2} & \sqrt{2} \end{bmatrix}, \quad P_2 = \begin{bmatrix} -1 + \sqrt{2} & 1 - \sqrt{2} \\ 1 - \sqrt{2} & -2 + \sqrt{2} \end{bmatrix},$$

$$P_3 = \begin{bmatrix} 3-\sqrt{2} & 1-\sqrt{2} \\ 1-\sqrt{2} & -\sqrt{2} \end{bmatrix}, \quad P_4 = \begin{bmatrix} -1-\sqrt{2} & 1+\sqrt{2} \\ 1+\sqrt{2} & -2-\sqrt{2} \end{bmatrix}$$

2. (A,B)：可制御 (可安定), (C,A)：不可検出の場合，(半) 正定解は一意でない

$$A = \begin{bmatrix} 1 & 1 \\ 0 & -1 \end{bmatrix}, \quad B = \begin{bmatrix} 0 \\ 1 \end{bmatrix}, \quad C = \begin{bmatrix} 0 & 1 \end{bmatrix},$$

$$Q = 1, \quad R = 1,$$

$$P_1 = \begin{bmatrix} 6+4\sqrt{2} & 2+2\sqrt{2} \\ 2+2\sqrt{2} & 1+\sqrt{2} \end{bmatrix}, \quad P_2 = \begin{bmatrix} 0 & 0 \\ 0 & -1+\sqrt{2} \end{bmatrix},$$

$$P_3 = \begin{bmatrix} 6-4\sqrt{2} & 2-2\sqrt{2} \\ 2-2\sqrt{2} & 1-\sqrt{2} \end{bmatrix}, \quad P_4 = \begin{bmatrix} 0 & 0 \\ 0 & -1-\sqrt{2} \end{bmatrix}$$

4 F　初期状態に対する応答とインパルス状外乱に対する応答の等価性

式 (4.1) の状態方程式の解が

$$x(t) = e^{At}x_0 + \int_0^t e^{A(t-\tau)} Bu(\tau) d\tau$$

で与えられるので

$$\dot{x}(t) = Ax(t) + d(t), \quad x(0) = x_0, \quad d(t) = 0$$
$$\implies x(t) = e^{At}x_0$$
$$\dot{x}(t) = Ax(t) + d(t), \quad x(0) = 0, \quad d(t) = x_0\delta(t)$$
$$\implies x(t) = \int_0^t e^{A(t-\tau)} x_0 \delta(\tau) d\tau = e^{At}x_0$$

となる。

4 G　式 (4.117) の導出

式 (4.115) の第 2 式を式 (4.116) に代入
$$\implies \hat{u}(s) = -K(s)G_{22}(s)\hat{u}(s) - K(s)G_{21}(s)\hat{d}(s)$$

$\Longrightarrow \hat{u}(s) = -\{I + K(s)G_{22}(s)\}^{-1} K(s) G_{21}(s) \hat{d}(s)$

$\Longrightarrow$ 式 (4.115) の第 1 式に代入すると，式 (4.117)

4 H　H_∞ 制御問題の解が式 (**4.127**) で与えられることの略証

以下のような式変形により示すことができる。

$$\int_0^\infty \{z^T(t)z(t) - \gamma^2 d^T(t)d(t)\}dt$$
$$= \int_0^\infty \{u^T(t)u(t) + x^T(t)C^T C x(t) - \gamma^2 d^T(t)d(t)\}dt$$
$$= \int_0^\infty \Big[u^T(t)u(t) + x^T(t)\{-A^T\tilde{P} - \tilde{P}A + \tilde{P}BB^T\tilde{P}$$
$$\quad - \frac{1}{\gamma^2}\tilde{P}EE^T\tilde{P} - \varepsilon I\}x(t) - \gamma^2 d^T(t)d(t)\Big]dt$$
$$= \int_0^\infty \Big[u^T(t)u(t) + \{-\dot{x}(t) + Bu(t) + Ed(t)\}^T \tilde{P}x(t)$$
$$\quad + x^T(t)\tilde{P}\{-\dot{x}(t) + Bu(t) + Ed(t)\} + x^T(t)\tilde{P}BB^T\tilde{P}x(t)$$
$$\quad - \frac{1}{\gamma^2}x^T(t)\tilde{P}EE^T\tilde{P}x(t) - \gamma^2 d^T(t)d(t) - \varepsilon x^T(t)x(t)\Big]dt$$

$$= \int_0^\infty \Big[\{u(t) + B^T\tilde{P}x(t)\}^T\{u(t) + B^T\tilde{P}x(t)\}$$
$$\quad - \{\gamma d(t) - \frac{1}{\gamma}E^T\tilde{P}x(t)\}^T\{\gamma d(t) - \frac{1}{\gamma}E^T\tilde{P}x(t)\} - \varepsilon x^T(t)x(t)\Big]dt$$
$$\quad - \Big[x^T(t)\tilde{P}x(t)\Big]_0^\infty$$
$$\leq -\varepsilon \int_0^\infty x^T(t)x(t)dt < 0$$

********** 演 習 問 題 **********

【1】 (C, A) 可検出である場合，式 (4.25) の Riccati 方程式の半正定解は一意である。このことを示せ。

【2】 式 (4.34) のハミルトン行列の固有値を λ, 対応する右固有ベクトルを前半と後半の n 次元ずつに分けて $\begin{bmatrix} \zeta^T & \eta^T \end{bmatrix}^T$ と書くとき, $-\lambda$ もまた固有値であり, それに対応する左固有ベクトルが $\begin{bmatrix} \eta^T & -\zeta^T \end{bmatrix}$ であることを示せ.

【3】 (A, B) の組が可安定, (C, A) の組が可検出なら, 式 (4.34) のハミルトン行列の $2n$ 個の固有値のうち, n 個の実部は必ず負であることを示せ.

【4】 P を式 (4.25) の Riccati 方程式の解とする. そのとき, $A - BR^{-1}B^T P$ が固有値 λ をもち, それに対する固有ベクトルが η ならば, 式 (4.34) のハミルトン行列 H も固有値 λ をもち, それに対する固有ベクトルは $\begin{bmatrix} \eta^T & \eta^T P \end{bmatrix}^T$ である. このことを示せ.

【5】 P_1 を式 (4.59) の Riccati 方程式の最大の半正定解とする. そのとき, $A - BR^{-1}B^T P_1$ の固有値は, A の非正の実部をもつ固有値と, A の正の実部をもつ固有値の符号が逆転したものからなることを示せ.

5 状態推定

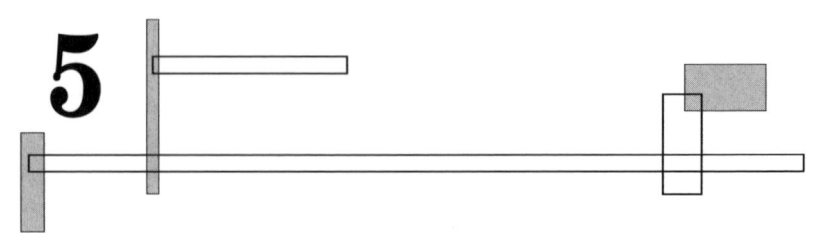

多変数システム制御における多くの制御系設計法は，状態フィードバック則によっている。その理由は，状態がシステムの将来の振る舞いに関して (これから加える操作入力の情報を合わせると) 必要かつ十分な情報をもつため，それを用いることによって有能な制御が可能になるからである。しかし，状態はシステム内部の変数で，直接測定できるとは限らない。オブザーバとは，このような場合に状態フィードバックを実現するために，システムの外部変数である操作入力と観測出力のデータからシステム内部の状態を確定的に推定する機構である[77]〜[79]。特に，確率的な雑音に乱されているシステムに対する最適な状態推定のためには，Kalmanフィルタ[10] が用いられる。

5.1 モデルによる状態推定：オブザーバ

ここで対象とするシステムは，状態方程式

$$\dot{x}(t) = Ax(t) + Bu(t),$$
$$y(t) = Cx(t) \tag{5.1}$$

で記述される線形時間不変システムである。式 (5.1) において，x は n 次元の状態，u は m 次元の操作入力，y は p 次元の観測出力である。A, B, C は x, u, y の次元に応じた適当な大きさの定数行列である。

状態推定の方法としてまず考えられるものは，対象とするシステムと同じ式

$$\dot{\hat{x}}(t) = A\hat{x}(t) + B\hat{u}(t),$$
$$\hat{y}(t) = C\hat{x}(t) \tag{5.2}$$

で記述されるモデルをコンピュータ内に，または積分器，加算器などを用いて作り，その状態 $\hat{x}$ を対象システムの状態 x の推定値とする方法であろう．モデルはわれわれが作るものであるから，その状態は直接測定できる．

この考えに沿って，対象システムとモデルに同一の入力

$$u(t) = \hat{u}(t), \qquad t \geqq 0 \tag{5.3}$$

を加えたとする．このとき，一般には，推定誤差

$$e(t) = \hat{x}(t) - x(t) \tag{5.4}$$

が小さくなるとはいえない．実際，式 (5.1)，(5.2) より，誤差の振る舞いは微分方程式

$$\dot{e}(t) = Ae(t) \tag{5.5}$$

に従うので，A が安定な行列 (その固有値の実部がすべての負の行列) でなければ，0 に漸近することはない．

そこで，推定誤差を反映する対象システムとモデルの出力の差 $y - \hat{y}$ をモデルにフィードバックして，推定誤差の振る舞いを改善することを考える．すなわち，推定機構として

$$\dot{\hat{x}}(t) = A\hat{x}(t) + B\hat{u}(t) + L\{y(t) - \hat{y}(t)\},$$
$$\hat{y}(t) = C\hat{x}(t) \tag{5.6}$$

を考える (**図 5.1**)．このとき，推定誤差の振る舞いは

$$\dot{e}(t) = (A - LC)e(t) \tag{5.7}$$

に従うので，$A - LC$ を安定な行列にできれば，推定誤差は時間とともに減少し，0 に近づく．このような行列 L は，(C, A) の組が可検出である場合に存在

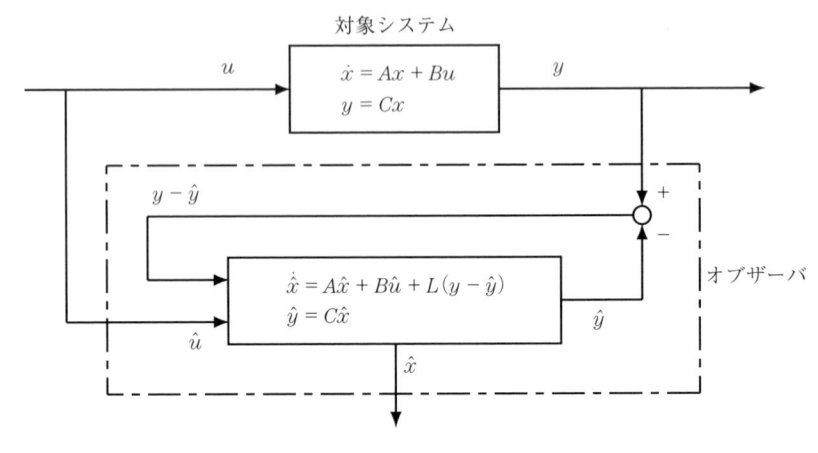

図 5.1 モデルによる状態推定

する (4.12 節の補足 4 A 参照)。このとき，図 5.1 の 1 点鎖線で囲まれた部分がオブザーバということになる。このように，後で述べる一般のオブザーバも含めて，オブザーバは基本的にはオンラインのリアルタイムシミュレータと考えることができる。

もし，(C, A) の組が可検出でなければ，$A - LC$ を安定な行列にすることはできないので，式 (5.7) の推定誤差は 0 に漸近しない。つまり，モデルを使った状態推定はできないのであるが，(C, A) が可検出でない場合，じつはどのような方法によっても状態推定はできないのである。それは，(C, A) が可検出でないとき，状態空間の適当な座標変換によって，式 (5.8) のように記述できることを用いて示すことができる (4.12 節の補足 4 A 参照)。

$$\begin{bmatrix} \dot{x}_1(t) \\ \dot{x}_2(t) \end{bmatrix} = \begin{bmatrix} A_{11} & 0 \\ A_{21} & A_{22} \end{bmatrix} \begin{bmatrix} x_1(t) \\ x_2(t) \end{bmatrix} + \begin{bmatrix} B_1 \\ B_2 \end{bmatrix} u(t),$$

$$y(t) = \begin{bmatrix} C_1 & 0 \end{bmatrix} \begin{bmatrix} x_1(t) \\ x_2(t) \end{bmatrix} \tag{5.8}$$

ここに，A_{22} は非負の実部の固有値をもつ行列である。式 (5.8) によると，状態の成分 x_2 の振る舞いに関する情報は観測出力 y に直接にも，間接的にも現

れない。つまり，どのような方法によっても，x_2 の振る舞い (それは減衰しない) はシステムの外からは知り得ないのである。したがって，オブザーバによって状態推定ができるための必要十分条件は，(C, A) の組が可検出であることであるといえる。

5.2　オブザーバの一般形

5.1 節では対象システムのモデルから出発してオブザーバを構成したが，オブザーバにはこの形以外のものも存在する。それらを統一的に扱うため，ここではオブザーバの一般形を導く。

オブザーバとは対象システムの操作入力 u と観測出力 y をその入力とする動的システムで，対象システムの状態 x の推定値 $\hat{x}$ をその出力とするものである (図 **5.2**)。したがって，オブザーバの一般的な候補としては，式 (5.9), (5.10) の形のものが考えられる。

$$\dot{z}(t) = \hat{A}z(t) + \hat{B}u(t) + \hat{L}y(t) \tag{5.9}$$

$$\hat{x}(t) = \hat{C}z(t) + \hat{D}y(t) \tag{5.10}$$

ここに，z はオブザーバの状態で l 次元ベクトル，$\hat{x}$ は出力で n 次元ベクトル

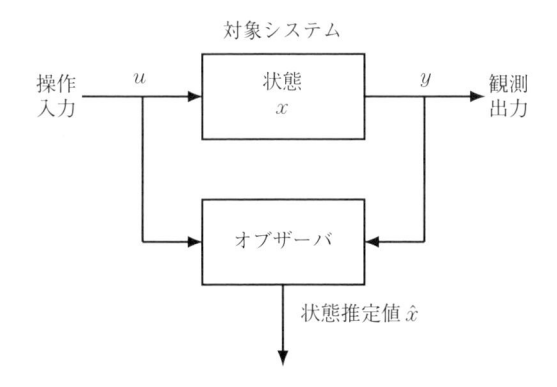

図 **5.2**　オブザーバによる状態推定

である。行列 $\hat{A}$, $\hat{B}$, $\hat{L}$, $\hat{C}$, $\hat{D}$ はベクトル z, u, y, $\hat{x}$ の次元に応じた大きさの定数行列である。

式 (5.10) のシステムが式 (5.1) のシステムに対するオブザーバであるとは，どのような初期状態 $x(0)$, $z(0)$ や入力 $u(t)$ に対しても

$$\hat{x}(t) - x(t) \to 0, \quad t \to \infty \tag{5.11}$$

が成立することである。そのための十分条件は，つぎの 4 条件が成立するような $l \times n$ 行列 V が存在することである[80]。

(1)　$\hat{A}$ は安定な $l \times l$ 行列

(2)　$\hat{A}V - VA + \hat{L}C = 0$ \hfill (5.12)

(3)　$\hat{B} - VB = 0$ \hfill (5.13)

(4)　$\hat{C}V + \hat{D}C = I_n$ \hfill (5.14)

ここに，I_n は n 次元の単位行列である。

これは以下のように示すことができる。まず，式 (5.1) と式 (5.10) より，条件 (2) と (3) のもとで

$$\dot{z}(t) - V\dot{x}(t) = \hat{A}\{z(t) - Vx(t)\} \tag{5.15}$$

を導くことができる。条件 (1) より，$\hat{A}$ は安定な行列であるから

$$z(t) - Vx(t) \to 0, \quad t \to \infty \tag{5.16}$$

がいえる。そして，条件 (4) より

$$\hat{x}(t) - x(t) = \hat{C}\{z(t) - Vx(t)\} \tag{5.17}$$

と書けるから，式 (5.11) が成立する。

一般には，条件 (1) 〜 (4) は式 (5.10) のシステムがオブザーバであるための十分条件でしかないが，対象システムの (A, B) の組の可制御性とオブザーバ

自身の $(\hat{C}, \hat{A})$ の可観測性を仮定すると，必要条件であることもいえる[80),81)]。また，条件 (4) を，$\hat{x}$ の次元を $\hat{n}$ として，与えられた $\hat{n} \times n$ 行列 K に対して

$$(4)' \quad \hat{C}V + \hat{D}C = K, \quad \hat{C}: \hat{n} \times l \text{ 行列}, \quad \hat{D}: \hat{n} \times p \text{ 行列} \tag{5.18}$$

と置き換えると，式 (5.16) は

$$\hat{x}(t) - Kx(t) \to 0, \quad t \to \infty \tag{5.19}$$

を意味する。つまり，条件 (1) 〜 (3) および $(4)'$ が成立するような行列 V が存在するとき，式 (5.10) のシステムは，状態 x の線形関数 Kx を推定するオブザーバになるのである[80),81)]。

さて，式 (5.10) のオブザーバの候補の状態 z の次元 l を n として，式 (5.12) 〜 (5.14) において $V = I_n$ とおき

$$\hat{A} = A - \hat{L}C, \quad \hat{B} = B, \quad \hat{C} = I_n, \quad \hat{D} = 0 \tag{5.20}$$

と選ぶと，条件 (2) 〜 (4) は成立する。このとき，式 (5.10) は

$$\begin{aligned}\dot{z}(t) &= (A - \hat{L}C)z(t) + Bu(t) + \hat{L}y(t), \\ \hat{x}(t) &= z(t)\end{aligned} \tag{5.21}$$

となり，式 (5.6) すなわち**図 5.1** のモデルに基づいたオブザーバの記述と等価になる。そして，条件 (1) は行列 $A - \hat{L}C$ が安定になることを要求している。式 (5.21) の状態 z の次元は，対象システムの状態 x の次元 n と同じであるから，このオブザーバは同一次元オブザーバまたは n 次元オブザーバと呼ばれる。

5.3 最小次元オブザーバ

システムの観測出力は状態変数の線形結合である。この意味で，観測出力は状態の一部であるということができる。したがって，状態のすべてを推定する必要はなく，観測出力に直接現れない成分のみ推定してもよい。この考え方に基づくオブザーバの構成について述べる。

5.3.1 最小次元オブザーバの構成

システムの観測出力としては独立な信号のみを選べばよいので，行列 C が行最大ランク p をもつとしても，一般性は失われない．このとき，状態の座標変換

$$\begin{bmatrix} x_1 \\ x_2 \end{bmatrix} = \begin{bmatrix} U \\ C \end{bmatrix} x \tag{5.22}$$

によって，式 (5.1) の対象システムは

$$\begin{bmatrix} \dot{x}_1(t) \\ \dot{x}_2(t) \end{bmatrix} = \begin{bmatrix} A_{11} & A_{12} \\ A_{21} & A_{22} \end{bmatrix} \begin{bmatrix} x_1(t) \\ x_2(t) \end{bmatrix} + \begin{bmatrix} B_1 \\ B_2 \end{bmatrix} u(t),$$

$$y(t) = \begin{bmatrix} 0 & I_p \end{bmatrix} \begin{bmatrix} x_1(t) \\ x_2(t) \end{bmatrix} \tag{5.23}$$

の形に等価変換できる．ここに，U は $\begin{bmatrix} U^T & C^T \end{bmatrix}^T$ が正則となるように選んだ行列で，x_1, x_2 は $(n-p)$ 次元と p 次元の新しい状態の成分である．式 (5.23) の係数の部分行列は，これらの状態成分に応じて

$$\begin{bmatrix} U \\ C \end{bmatrix} A \begin{bmatrix} U \\ C \end{bmatrix}^{-1}, \quad \begin{bmatrix} U \\ C \end{bmatrix} B$$

を分割したものである．この表現によると，状態の成分 x_2 は出力 y として直接測定できることになる．

さて，式 (5.23) の表現に応じて，行列 V を $(n-p)$ 列と p 列に分け，$V = \begin{bmatrix} V_1 & V_2 \end{bmatrix}$ と書く．こうすると，5.2 節の条件 (1) 〜 (4) は式 (5.24) 〜 (5.28) のように分解することができる．

(1) $\hat{A}$ は安定な $(n-p) \times (n-p)$ 行列

(2) $\hat{A} V_1 - V_1 A_{11} - V_2 A_{21} = 0 \tag{5.24}$

$\hat{A} V_2 - V_1 A_{12} - V_2 A_{22} + \hat{L} = 0 \tag{5.25}$

(3)　$\hat{B} - V_1 B_1 - V_2 B_2 = 0$ (5.26)

(4)　$\hat{C} V_1 = \begin{bmatrix} I_{n-p} \\ 0 \end{bmatrix}$ (5.27)

$\hat{C} V_2 + \hat{D} = \begin{bmatrix} 0 \\ I_p \end{bmatrix}$ (5.28)

ここに，I_{n-p}, I_p はそれぞれ $(n-p)$ 次元，p 次元の単位行列である。

いま，$V_1 = I_{n-p}$ と定めると，式 (5.24) 〜 (5.28) は式 (5.10) の係数行列が

$$\hat{A} = A_{11} + V_2 A_{21} \tag{5.29}$$

$$\hat{B} = B_1 + V_2 B_2 \tag{5.30}$$

$$\hat{L} = -A_{11} V_2 - V_2 A_{21} V_2 + A_{12} + V_2 A_{22} \tag{5.31}$$

$$\hat{C} = \begin{bmatrix} I_{n-p} \\ 0 \end{bmatrix} \tag{5.32}$$

$$\hat{D} = \begin{bmatrix} -V_2 \\ I_p \end{bmatrix} \tag{5.33}$$

でなければならないことを意味している。これらの行列はすべて V_2 が決まれば一意的に決定される。その V_2 は条件 (1) より，式 (5.29) の $\hat{A}$ が安定となるように決めなければならない。そのためには，行列 (A_{21}, A_{11}) の組が可検出であることが必要である。それは，(C, A) の可検出性によって保証される[81](演習問題【1】参照)。

以上より，対象システムの (C, A) の組が可検出であれば，$(n-p)$ 次元のオブザーバが構成できることがわかった。対象システムが可制御の場合，全状態を推定するオブザーバとしてはこれより低い次元のものは存在せず，これは最小次元オブザーバと呼ばれる。最小次元オブザーバの場合，誤差の振る舞いは x_1, x_2 のそれぞれについて

$$\dot{e}_1(t) = (A_{11} + V_2 A_{21}) e_1(t),$$

$$e_2(t) = 0 \tag{5.34}$$

に従う。なお，ここで述べた構成法では状態 $\begin{bmatrix} x_1^T & x_2^T \end{bmatrix}^T$ を推定することになるので，x を推定するときは得られた推定値 $\begin{bmatrix} \hat{x}_1^T & \hat{x}_2^T \end{bmatrix}^T$ に式 (5.22) の逆変換を施す必要がある。

5.3.2 未知入力オブザーバ

これまでに述べた n 次元オブザーバも最小次元オブザーバも，対象システムの操作入力と観測出力の両方をデータとして用いるものである。先に述べたように，オブザーバは基本的にはオンラインかつ実時間で動作させるシミュレータであるから，一般には，これらのデータがなければ状態推定はできない。しかし，ある条件のもとでは，操作入力のデータを必要とせず，観測出力のデータのみを使って状態推定ができるオブザーバが存在する。

いま，式 (5.1) の行列 B は列最大ランク m をもつとする。操作入力としては独立なもののみを用いればよいから，こうしても一般性は失われない。そして，つぎの仮定 (1)，(2) をおく。

(1) $\operatorname{rank} CB = \operatorname{rank} B$ \hfill (5.35)

(2) 非負の実部をもつすべての複素数 s について

$$\operatorname{rank} \begin{bmatrix} A - sI_n & B \\ C & 0 \end{bmatrix} = n + m \tag{5.36}$$

が成立する。

これらの仮定が成立するためには，観測出力の数 p が操作入力の数 m より大きいかまたは等しいことが必要である。

$$p \geqq m \tag{5.37}$$

そして，(1) は，状態空間のうち入力の影響を直接受ける部分空間は出力に直接現れていなければならないことを意味している。一方，仮定の (2) は，対象シ

ステムの零点の実部がすべて負であることを意味する[82]。また，式 (5.36) は左辺の行列が列最大ランクをもつということであり，その最初の n 列に注目すると，(2) が対象システムの可検出性を必要としていることがわかる。

この仮定のもとで式 (5.23) の表現を考えると，(1) より，B_2 が列最大ランク m をもつことがいえる。したがって，いま，式 (5.30) において

$$V_2 = -B_1 B_2^+ + G(I_p - B_2 B_2^+) \tag{5.38}$$

とすると

$$\hat{B} = 0 \tag{5.39}$$

となる。ここに，$B_2^+ = (B_2^T B_2)^{-1} B_2^T$ で，G は V_2 と同じ大きさの任意の行列である。この結果，対象システムの操作入力 u はオブザーバに加わらなくなる。

行列 $\hat{A}$，$\hat{L}$，$\hat{C}$，$\hat{D}$ も式 (5.38) の V_2 を用いて式 (5.29) ～ (5.33) により決まるが，このとき問題になるのが

$$\hat{A} = A_{11} - B_1 B_2^+ A_{21} + G(I_p - B_2 B_2^+) A_{21} \tag{5.40}$$

の安定性である。式 (5.40) において，G は任意に選べる行列であるから，行列の組

$$\{(I_p - B_2 B_2^+) A_{21}, \quad A_{11} - B_1 B_2^+ A_{21}\}$$

が可検出ならば，$\hat{A}$ を安定にすることができる。その可検出性は上の仮定 (2) によって保証される (演習問題【2】参照)[83]。なお，対象システムの入出力数が等しいときには，B_2 が正方行列で，$B_2^+ = B_2^{-1}$ であるから $I_p - B_2 B_2^+ = 0$，したがって行列 G の選択は何の効果も生まない。この場合，仮定 (2) のもとで行列 $A_{11} - B_1 B_2^{-1} A_{21}$ は自動的に安定になっている。

以上で，仮定 (1)，(2) のもとで，対象システムの入力データを必要としないオブザーバが構成できることがわかった。これは未知入力オブザーバと呼ばれ (図 **5.3**)，興味あるオブザーバである。しかし，操作入力はわれわれが加えるも

のであり，一般に既知であるから，実用上，未知入力オブザーバを使うことが有効な状況はそれほど考えられない．実用上，有用なのは，対象システムが

$$\dot{x}(t) = Ax(t) + Bu(t) + Dd(t) \tag{5.41}$$

$$y(t) = Cx(t) \tag{5.42}$$

のように表され，u が既知入力，d が測定できない外乱の場合，すなわち，未知外乱オブザーバへの拡張である．もし，仮定 (1), (2) が行列 B を D に置き換えて成立すれば，状態が外乱の影響を受けていても，その外乱の情報なしに状態推定が可能である (**図 5.4**)[83]．

図 5.3 未知入力オブザーバ

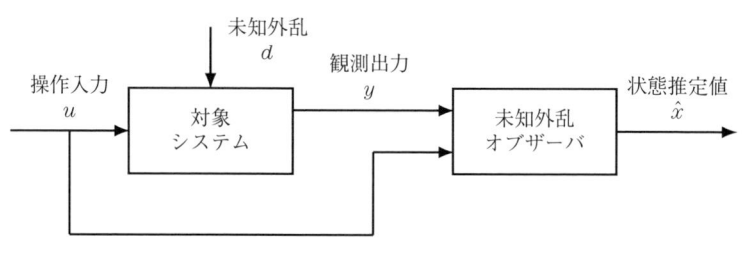

図 5.4 未知外乱オブザーバ

5.4 外乱推定オブザーバ

3 章で述べたように，制御対象に加わる外乱が測定できる場合，それをフィードフォワード制御に用いることによって，外乱の影響を打ち消すことができ，制御性能を上げることができる．実際の制御問題においては，外乱を直接測定できることは，まれであるが，外乱の性質として，値はわからないが一定である

5.4 外乱推定オブザーバ

とか，振幅はわからないが周波数が既知の正弦波であるというような事前情報がある場合，オブザーバによってそれを推定することができる．ここでは，簡単のため，外乱が一定値の場合について，外乱推定オブザーバを紹介する．

対象とするシステムには，式 (5.42) のように，外乱 d が加わっているとする．これが一定値であるということは，その振る舞いが微分方程式

$$\dot{d}(t) = 0 \tag{5.43}$$

で表せるということである．これを式 (5.42) と合わせると

$$\begin{bmatrix} \dot{x}(t) \\ \dot{d}(t) \end{bmatrix} = \begin{bmatrix} A & D \\ 0 & 0 \end{bmatrix} \begin{bmatrix} x(t) \\ d(t) \end{bmatrix} + \begin{bmatrix} B \\ 0 \end{bmatrix} u(t),$$

$$y(t) = \begin{bmatrix} C & 0 \end{bmatrix} \begin{bmatrix} x(t) \\ d(t) \end{bmatrix} \tag{5.44}$$

と書くことができる．このように，外乱をシステムの状態の一部のように考え，式 (5.44) に対してオブザーバを構成すると，外乱を推定することが可能になる．ただし，そのためには

$$\left(\begin{bmatrix} C & 0 \end{bmatrix}, \begin{bmatrix} A & D \\ 0 & 0 \end{bmatrix} \right)$$

の組が可検出であることが必要である．この条件は，(C, A) の組が可検出であることを前提とすると

$$\operatorname{rank} \begin{bmatrix} A & D \\ C & 0 \end{bmatrix} = n + q \tag{5.45}$$

のとき，満たされる (演習問題【3】参照)．ここに，q は外乱 d の次元である．

この議論を一般化すると，正弦波のように微分方程式を満たす外乱は，その微分方程式の係数がわかる場合には，同様に推定できることがいえる．しかし，微分方程式を満たさない一般の外乱の場合には，このような取扱いは不可能である．

5.5 推定誤差の振る舞い

5.2 節および 5.3 節で述べたように，n 次元オブザーバを用いたときの推定誤差 $e = \hat{x} - x$ の振る舞いは微分方程式

$$\dot{e}(t) = (A - LC)e(t)$$

に従い，最小次元オブザーバを用いたときの誤差 $e_1 = \hat{x}_1 - x_1$ の振る舞いは

$$\dot{e}_1(t) = (A_{11} + V_2 A_{21})e_1(t)$$

に従う。状態推定の観点からは，これら推定誤差はできる限り速く減衰するほうがよい。そのためには，$A - LC$ や $A_{11} + V_2 A_{21}$ の固有値の実部を負の大きな値にすればよいと考えるかもしれない。しかし，そうすると，誤差の値が一時的に非常に大きくなるという現象が生じる[84]。それをつぎの例で見よう。

3 次元システム

$$\begin{bmatrix} \dot{x}_1(t) \\ \dot{x}_2(t) \\ \dot{x}_3(t) \end{bmatrix} = \begin{bmatrix} 0 & 0 & 1 \\ 1 & 0 & -2 \\ 0 & 1 & -3 \end{bmatrix} \begin{bmatrix} x_1(t) \\ x_2(t) \\ x_3(t) \end{bmatrix} + \begin{bmatrix} 1 \\ 1 \\ 1 \end{bmatrix} u(t),$$

$$y(t) = \begin{bmatrix} 0 & 0 & 1 \end{bmatrix} \begin{bmatrix} x_1(t) \\ x_2(t) \\ x_3(t) \end{bmatrix} \tag{5.46}$$

を考える。このシステムに対する n 次元オブザーバは

$$\begin{bmatrix} \dot{\hat{x}}_1(t) \\ \dot{\hat{x}}_2(t) \\ \dot{\hat{x}}_3(t) \end{bmatrix} = \begin{bmatrix} 0 & 0 & 1-l_1 \\ 1 & 0 & -2-l_2 \\ 0 & 1 & -3-l_3 \end{bmatrix} \begin{bmatrix} \hat{x}_1(t) \\ \hat{x}_2(t) \\ \hat{x}_3(t) \end{bmatrix} + \begin{bmatrix} 1 \\ 1 \\ 1 \end{bmatrix} u(t)$$

$$+ \begin{bmatrix} l_1 \\ l_2 \\ l_3 \end{bmatrix} y(t) \tag{5.47}$$

で与えられ，誤差の微分方程式は

$$\begin{bmatrix} \dot{\hat{e}}_1(t) \\ \dot{\hat{e}}_2(t) \\ \dot{\hat{e}}_3(t) \end{bmatrix} = \begin{bmatrix} 0 & 0 & 1-l_1 \\ 1 & 0 & -2-l_2 \\ 0 & 1 & -3-l_3 \end{bmatrix} \begin{bmatrix} \hat{e}_1(t) \\ \hat{e}_2(t) \\ \hat{e}_3(t) \end{bmatrix} \tag{5.48}$$

となる．ここに，l_1, l_2, l_3 はこの誤差方程式が安定となるように定められるべき実数である．

いま，式 (5.48) の右辺の行列の固有値を

$$\{-\alpha, \, -2\alpha, \, -3\alpha\}$$

と定めることにする．ここに，α は実数のパラメータである．この α を 1, 2, 3, 4 と増加させて，固有値の絶対値をしだいに大きくしたときの推定誤差の振る舞いの変化を表したのが**図 5.5** である．ただし，初期誤差は

$$\begin{bmatrix} \hat{e}_1(0) & \hat{e}_2(0) & \hat{e}_3(0) \end{bmatrix}^T = \begin{bmatrix} 1 & 1 & 1 \end{bmatrix}^T$$

としてある．これよりわかるように，固有値の絶対値を大きくするにつれて，$\hat{e}_1$ と $\hat{e}_2$ は一時的に非常に大きな値になったのち，0 に減衰するのである．なお，$\hat{e}_3$ についてはこのようなことが起こっていない．誤差のどの成分が非常に大きくなり，どの成分がそうはならないかに関しては文献84) を参照されたい．

この例からわかるように，$A - LC$ の固有値，すなわちオブザーバの極の実部を負の大きな値にすることがよいとは，一般にいえない．ここでは，誤差の初期値に対する応答について説明したが，対象システムやオブザーバに外乱が加わればそれが新たな初期誤差を発生するので，同様のことが起こる．つまり，オブザーバの極の実部を負の大きな値にすると，小さな外乱でも非常に大きな推定誤差を発生する可能性がある．また，対象システムの数式表現に誤差が存

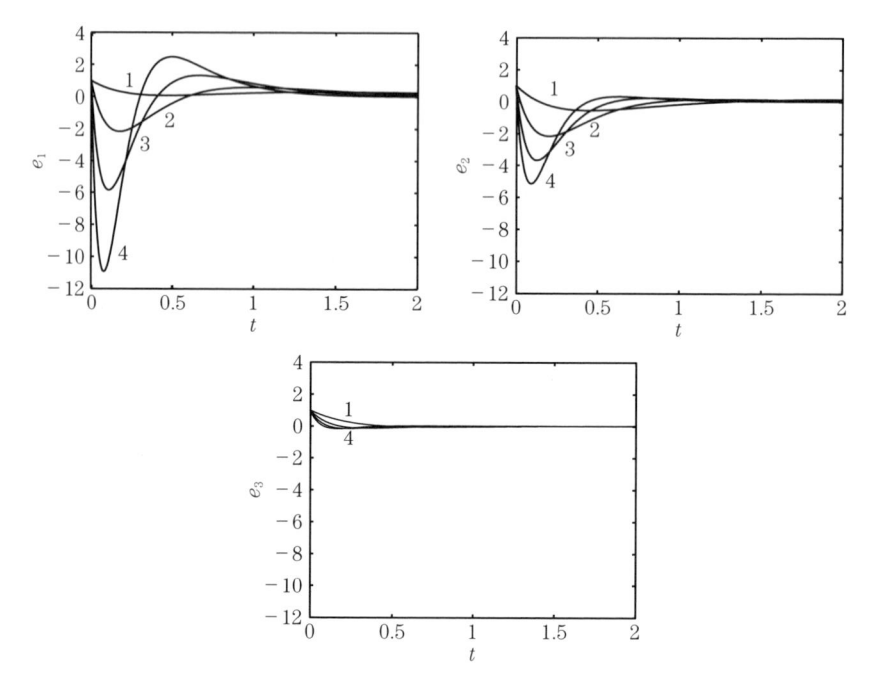

図 **5.5** 推定誤差の振る舞い

在する場合，その影響は一種の外乱と見なせ，同様の危険が生じる．以上述べたことは最小次元オブザーバの場合も同じである．

それでは，オブザーバの極をどのように設定すればよいかというと，この問いに対する一般的解答は存在しない．それは，オブザーバによって得られる状態推定値をどのような状況のもとで，どのような目的で用いるかに依存する．この点に関しては，5.6 節で少しふれる．

5.6　状態フィードバックへの適用

最初に述べたように，オブザーバは状態フィードバックを実現するために考えられたものである．それでは，オブザーバによって得られる状態推定値 $\hat{x}$ を真の状態 x のかわりに用いて，真の状態フィードバックと同じことができるで

5.6 状態フィードバックへの適用

あろうか。ここでは，極指定と最適レギュレータ構成の場合について，この問題を考える。説明を簡単にするために，具体的には，同一次元オブザーバの場合について述べるが，最小次元オブザーバの場合もほぼ同様である。

5.6.1 極　指　定

極指定問題とは，式 (5.1) のシステムに状態フィードバック

$$u(t) = -Kx(t) + v(t) \tag{5.49}$$

を施して，閉ループ系

$$\dot{x}(t) = (A - BK)x(t) + Bv(t)$$
$$y(t) = Cx(t) \tag{5.50}$$

の極 ($A-BK$ の固有値) を指定された値に設定しようというものである ((A, B) の組が可制御対であれば，任意に指定可能[76])。4.12 節の補足 4 B 参照)。ここに，v は新しい入力を表し，u と同じ m 次元のベクトルである。この式 (5.49) のフィードバック則において，真の状態 x のかわりにオブザーバによる推定値 $\hat{x}$ を用いて

$$u(t) = -K\hat{x}(t) + v(t) \tag{5.51}$$

とすると，式 (5.1), (5.21), (5.51) より，閉ループ系は

$$\begin{bmatrix} \dot{x}(t) \\ \dot{\hat{x}}(t) \end{bmatrix} = \begin{bmatrix} A & -BK \\ \hat{L}C & A - \hat{L}C - BK \end{bmatrix} \begin{bmatrix} x(t) \\ \hat{x}(t) \end{bmatrix} + \begin{bmatrix} B \\ B \end{bmatrix} v(t),$$
$$y(t) = \begin{bmatrix} C & 0 \end{bmatrix} \begin{bmatrix} x(t) \\ \hat{x}(t) \end{bmatrix} \tag{5.52}$$

となる (図 **5.6**)。

この閉ループ系の表現では振る舞いを理解しにくいので，推定誤差 $e = \hat{x} - x$ を用いて

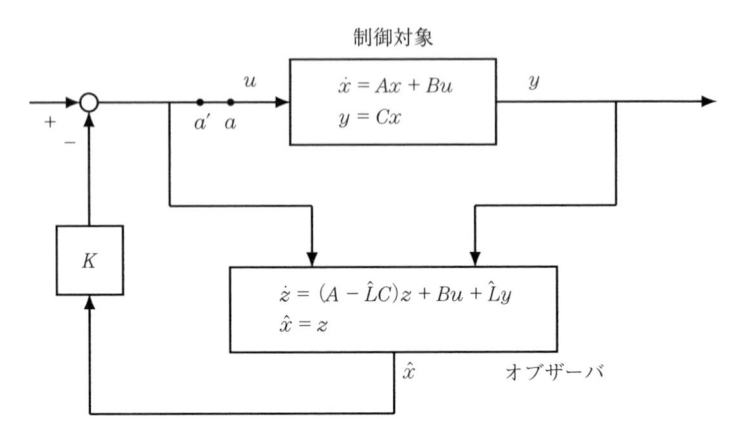

図 **5.6** オブザーバを併合した閉ループ系

$$\begin{bmatrix} x \\ e \end{bmatrix} = \begin{bmatrix} I_n & 0 \\ -I_n & I_n \end{bmatrix} \begin{bmatrix} x \\ \hat{x} \end{bmatrix} \tag{5.53}$$

という座標変換を施す．その結果，閉ループ系の表現は簡単化されて

$$\begin{bmatrix} \dot{x}(t) \\ \dot{e}(t) \end{bmatrix} = \begin{bmatrix} A - BK & -BK \\ 0 & A - \hat{L}C \end{bmatrix} \begin{bmatrix} x(t) \\ e(t) \end{bmatrix} + \begin{bmatrix} B \\ 0 \end{bmatrix} v(t),$$

$$y(t) = \begin{bmatrix} C & 0 \end{bmatrix} \begin{bmatrix} x(t) \\ e(t) \end{bmatrix} \tag{5.54}$$

となる．この表現を図にした**図 5.7** からわかるように，式 (5.54) の閉ループ系は，状態の真値をフィードバックして得られる式 (5.50) の閉ループ系に，推定誤差 e が外乱として加わっているものと見なすことができる．その外乱は入力 v の影響を受けず独立であるから，入出力間特性には現れない．したがって，オブザーバを併合した閉ループ系と真の状態フィードバックによって得られる閉ループ系は同一の伝達関数

$$G(s) = C\{sI - (A - BK)\}^{-1}B \tag{5.55}$$

をもつ．このように，オブザーバを用いても，状態の真値を用いるのと同じ極指定が可能である．

5.6 状態フィードバックへの適用

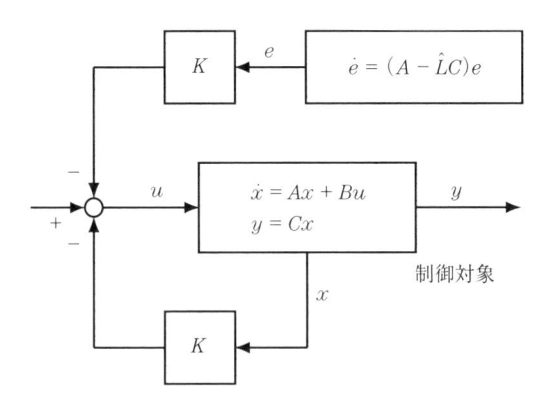

図 5.7 閉ループ系の等価変換

以上のようにオブザーバを用いる場合，閉ループ系の時間応答を真の状態フィードバックの場合のそれに近づけるためには，推定誤差の減衰速度は少なくとも状態フィードバック系の応答速度より速くしなければならない．しかし，そのために行列 $A - \hat{L}C$ の固有値の実部を負のあまり大きな値にすると，5.5 節で述べたような不都合が生じる．そのため，$A - BK$ に指定する固有値より少し負の方向に大きくする程度が合理的である[78]．

5.6.2 最適レギュレータ

4 章で述べたように，評価関数

$$J(x_0, u) = \int_0^\infty \{\tilde{y}^T(t) Q \tilde{y}(t) + u^T(t) R u(t)\} dt \tag{5.56}$$

を最小にする操作入力 u は，状態フィードバック

$$u(t) = -R^{-1} B^T P x(t) \tag{5.57}$$

で発生することができ，最適レギュレータを構成できる．ただし，P は Riccati 方程式

$$A^T P + PA - PBR^{-1}B^T P + \tilde{C}^T Q \tilde{C} = 0 \tag{5.58}$$

の半正定解である．このとき，評価関数 J の最小値は

$$\min_u J = x_0^T P x_0 \tag{5.59}$$

と書ける．ここに，x_0 は対象システムの初期状態である．なお，式 (5.56), (5.58) では，観測出力 $y = Cx$ と区別するために，制御出力を $\tilde{y} = \tilde{C}x$ と表している．

さて，式 (5.57) の最適制御則に状態推定値 $\hat{x}$ を用い

$$u(t) = -R^{-1}B^T P \hat{x}(t) \tag{5.60}$$

とすると，$\hat{x} = x + e$ なので，閉ループ系の振る舞いは

$$\dot{x}(t) = (A - BR^{-1}B^T P)x(t) - BR^{-1}B^T P e(t),$$
$$\tilde{y}(t) = \tilde{C}x(t) \tag{5.61}$$

で表される．これを用い，式 (5.58) を使って，評価関数

$$J = \int_0^\infty \Big[\tilde{y}^T(t) Q \tilde{y}(t) + \{x(t)+e(t)\}^T PBR^{-1}B^T P\{x(t)+e(t)\} \Big] dt \tag{5.62}$$

の値を計算すると

$$J = \int_0^\infty \{-\dot{x}^T(t)Px(t) - x^T(t)P\dot{x}(t) + e^T(t)PBR^{-1}B^T Pe(t)\} dt$$
$$= x_0^T P x_0 + \int_0^\infty e^T(t) PBR^{-1}B^T Pe(t) dt \tag{5.63}$$

となる[85]．つまり，式 (5.60) の入力を使うと，式 (5.57) の最適入力を使うよりも，評価関数の値が式 (5.63) の右辺第 2 項分だけ増加するのである．

この増加分は，一般にはどのようにオブザーバのゲイン $\hat{L}$ を選んでも，0 にすることも 0 に近づけることもできない[86],[87]．ただ，特別な場合として，式 (5.57) の最適フィードバックゲインが，適当な行列 F を用いて

$$R^{-1}B^T P = FC \tag{5.64}$$

と表せる場合には，いくらでも小さくすることができる[86]．しかし，この場合には，式 (5.60) の最適フィードバックが

$$u(t) = -Fy(t) \tag{5.65}$$

と出力フィードバックで実現できるので，オブザーバを用いる必要はない。

　評価関数の増加分を任意に小さくできないならば，それなりに最小にすることが考えられる。対象システムの初期状態に関して期待値と共分散行列がわかっている場合には，そのような問題を考えることができる[88)]。

5.6.3　閉ループ系のロバストさ

　極指定の場合，状態の真値を用いてもオブザーバによって得られる推定値を用いても，閉ループ系に同じ極を設定できた。最適レギュレータの場合も，閉ループ系の極についてはまったく同じことがいえる。それでは，真の状態フィードバックによる場合とオブザーバを併合した場合で，閉ループ系の安定性には差はないのであろうか。じつは，対象システムの係数行列の変動を考えると，異なるのである。それを式 (5.66) に示す例で見よう。

　対象システムを

$$\begin{aligned}
\begin{bmatrix} \dot{x}_1(t) \\ \dot{x}_2(t) \end{bmatrix} &= \begin{bmatrix} 0 & 1 \\ 1 & 1 \end{bmatrix} \begin{bmatrix} x_1(t) \\ x_2(t) \end{bmatrix} + \begin{bmatrix} 0 \\ \beta \end{bmatrix} u(t), \\
y(t) &= \begin{bmatrix} 1 & 0 \end{bmatrix} \begin{bmatrix} x_1(t) \\ x_2(t) \end{bmatrix}
\end{aligned} \tag{5.66}$$

とする。ここに，β はモデリングの際には 1 とされているものとする。いま，状態フィードバックを

$$u(t) = -\begin{bmatrix} 2 & 3 \end{bmatrix} \begin{bmatrix} x_1(t) \\ x_2(t) \end{bmatrix} \tag{5.67}$$

とする。これは，$\beta = 1$ のとき，閉ループ系

$$\begin{bmatrix} \dot{x}_1(t) \\ \dot{x}_2(t) \end{bmatrix} = \begin{bmatrix} 0 & 1 \\ 1-2\beta & 1-3\beta \end{bmatrix} \begin{bmatrix} x_1(t) \\ x_2(t) \end{bmatrix} \tag{5.68}$$

に -1 の重複した極 (固有値) を実現する。もし，β が何らかの理由で変化したとき，この閉ループ系の安定性が損なわれない範囲は式 (5.69) である。

$$0.5 < \beta \tag{5.69}$$

つぎに，オブザーバの一つとして，$\beta = 1$ とおいて

$$\begin{bmatrix} \dot{\hat{x}}_1(t) \\ \dot{\hat{x}}_2(t) \end{bmatrix} = \begin{bmatrix} -5 & 1 \\ -9 & 1 \end{bmatrix} \begin{bmatrix} \hat{x}_1(t) \\ \hat{x}_2(t) \end{bmatrix} + \begin{bmatrix} 0 \\ 1 \end{bmatrix} u(t) + \begin{bmatrix} 5 \\ 10 \end{bmatrix} y(t) \tag{5.70}$$

を考え，それによって得られる推定値 $\begin{bmatrix} \hat{x}_1 & \hat{x}_2 \end{bmatrix}^T$ を式 (5.67) のフィードバックに用いる。

$$u(t) = -\begin{bmatrix} 2 & 3 \end{bmatrix} \begin{bmatrix} \hat{x}_1(t) \\ \hat{x}_2(t) \end{bmatrix} \tag{5.71}$$

このオブザーバは -2 に重複した極を指定して得られたものである。こうして構成された閉ループ系は，式 (5.66)，(5.70)，(5.71) をまとめて

$$\begin{bmatrix} \dot{x}_1(t) \\ \dot{x}_2(t) \\ \dot{\hat{x}}_1(t) \\ \dot{\hat{x}}_2(t) \end{bmatrix} = \begin{bmatrix} 0 & 1 & 0 & 0 \\ 1 & 1 & -2\beta & -3\beta \\ 5 & 0 & -5 & 1 \\ 10 & 0 & -11 & -2 \end{bmatrix} \begin{bmatrix} x_1(t) \\ x_2(t) \\ \hat{x}_1(t) \\ \hat{x}_2(t) \end{bmatrix} \tag{5.72}$$

と書くことができる。これが安定である β の範囲は，簡単な計算より

$$0.84 < \beta < 2.14 \tag{5.73}$$

と求まり，これは式 (5.69) の範囲とは大きく異なる。つまり，β の変動の許容範囲が異なるのである。

以上のような状態の真値を用いる場合とオブザーバによる推定値を用いる場合の閉ループ系の安定性の差は，他の係数行列の変化を考えても同様である。その事実は次のような理由によると解釈することができる[64]。

いま，真の状態フィードバックによって得られる**図 5.8** の閉ループ系におい

5.6 状態フィードバックへの適用

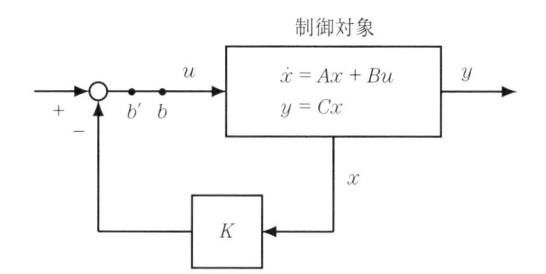

図 5.8 状態フィードバックによる閉ループ系

て，対象システムの操作入力から操作入力に戻る一巡伝達関数，つまり，点 b から b' までの伝達関数を求めると

$$\Psi(s) = -K(sI_n - A)^{-1}B \tag{5.74}$$

である．一方，オブザーバを用いた場合の同様の一巡伝達関数，つまり**図 5.6** の点 a から a' までの伝達関数は

$$\Psi'(s) = -K(sI_n - A + \hat{L}C + BK)^{-1}\hat{L}C(sI_n - A)^{-1}B \tag{5.75}$$

である．これらの差は

$$\begin{aligned}&\Psi'(s) - \Psi(s) \\&= K\{I_n + (sI_n - A + \hat{L}C)^{-1}BK\}^{-1} \\&\quad \times (sI_n - A + \hat{L}C)^{-1}B\{I_p + K(sI_n - A)^{-1}B\}\end{aligned} \tag{5.76}$$

と表せ，一般に 0 ではない．よって，二つの閉ループ系において，どの程度開ループ系のゲインや位相が変化しても安定性が保たれるかという安定余裕は異なる．したがって，ゲイン変化や位相変化のもととなる対象システムの係数行列の許容変動範囲が異なるのである．

さて，一般には $\Psi(s) \neq \Psi'(s)$ であるが，式 (5.76) からわかるように $(sI_n - A + \hat{L}C)^{-1}B$ が十分に小さければ，$\Psi(s)$ と $\Psi'(s)$ は近い．したがって，ほぼ同じ安定余裕を二つの閉ループ系に実現できる．もし，未知入力オブザーバのところで述べた仮定 (2) が成立するならば，完全観測という手法を用いてこの

$(sI_n - A + \hat{L}C)^{-1}B$ をいくらでも小さくすることができる[89]。これが loop transfer recovery (LTR) である。しかし，そのためにはオブザーバのゲイン $\hat{L}$ を非常に大きく選ばなければならない。その結果，5.5 節の例で述べたような推定誤差が一時的に非常に大きくなる現象が起こるので，注意を要する。

この推定誤差を有界に押さえることができるための条件は，やはり未知入力オブザーバのところで述べた仮定 (1) である[90]。ただ，この場合には，完全観測の手法を用いる必要はなく，未知入力オブザーバを用いることによって，真の状態をフィードバックした場合とオブザーバを用いた場合の一巡伝達関数を同一にすることができる。

以上の議論は，状態フィードバックによって得られる閉ループ系とオブザーバの推定値をフィードバックして得られる閉ループ系のロバスト安定性についての比較であった。オブザーバの推定値をフィードバックする場合でも，同一次元オブザーバを用いる場合と最小次元オブザーバを用いる場合で，閉ループ系のロバスト安定性が異なることが指摘されている[91],[92]。すなわち，制御対象のモデリングの際に無視された寄生要素などの不確かさに対するロバスト性は，同一次元オブザーバのほうが優れていることが示されている。

5.7 確率的な雑音がある場合の取扱い

実際のシステムは外部環境からいろいろな外乱を受けている。そのうち，比較的高周波成分を含み，不規則に変化するものは雑音と呼ばれる。この雑音の影響下にあるシステムの内部状態を推定する機構が Kalman フィルタである。もともとフィルタという語は，雑音 (じゃまなもの) に乱された情報からその雑音を除き，信号 (真に必要なもの) のみを取り出す装置 (要素) を意味するが，ここで述べるフィルタは，それを提案した人の名前をとって Kalman フィルタと呼ばれている。以下では，Kalman フィルタについて，その基本的なことを簡単に説明する。

以下で対象とするシステムは

$$\dot{x}(t) = Ax(t) + Bu(t) + v(t),$$
$$y(t) = Cx(t) + w(t) \tag{5.77}$$

で表される線形時間不変システムである。ここに，x は n 次元の状態，u は m 次元の既知入力，y は p 次元の観測出力で，v と w はそれぞれシステム雑音，観測雑音と呼ばれる n 次元と p 次元の外乱である。これらの変数のうち観測できるものは，u と y のみである。行列 A，B，C は $n×n$，$n×m$，$p×n$ の定数行列であって，それらの値は正確にわかっているとする。

このシステムにおいて，初期状態 x_0 は確率的で，その期待値と分散行列はわかっているとする。

$$E\{x_0\} = \bar{x}_0, \qquad E\{(x_0 - \bar{x}_0)(x_0 - \bar{x}_0)^T\} = X_0 \tag{5.78}$$

ここに，X_0 は半正定の $n×n$ 行列である。一方，雑音 v と w は定常な確率過程で，それらの期待値は0，すなわち

$$E\{v(t)\} = 0, \qquad E\{w(t)\} = 0 \tag{5.79}$$

共分散行列は

$$E\{v(t)v^T(\tau)\} = V\delta(t - \tau), \quad E\{w(t)w^T(\tau)\} = W\delta(t - \tau) \tag{5.80}$$

とする。ここに，V は半正定の $n×n$ 定数行列，W は正定の $p×p$ 定数行列である。また，$\delta(t - \tau)$ はデルタ関数である[†1]。つまり，式 (5.80) は，v と w ともに自己相関がなく，現在の雑音が過去の雑音とは独立であることを意味し，このような雑音は白色雑音と呼ばれる[†2]。そして，雑音 v，w はたがいに無相関で，またそれらは初期状態 x_0 とは独立であるとする。

$$E\{v(t)w^T(\tau)\} = 0, \quad E\{x_0 v^T(t)\} = 0, \quad E\{x_0 w^T(t)\} = 0 \tag{5.81}$$

以上の前提のもとに，われわれは既知入力 u と観測出力 y のデータを用い

[†1] デルタ関数は $t - \tau \neq 0$ のとき 0，$t - \tau = 0$ のとき無限大で，$t - \tau = 0$ を含んで積分すると 1 になる関数であるかのように扱う。

[†2] 雑音が白色でない場合は文献93)を参照。

て状態 x を推定する問題を考える。推定値 $\hat{x}$ としては,すべての時刻 t でその期待値が x の期待値に一致し,推定誤差 $\hat{x} - x$ の分散行列が最小となるものを求める。すなわち

$$E\{\hat{x}(t) - x(t)\} = 0 \tag{5.82}$$

かつ

$$E\{\left[\hat{x}(t) - x(t)\right]\left[\hat{x}(t) - x(t)\right]^T\} \to \min \tag{5.83}$$

となるものである。ここに,分散行列が最小という場合の対称行列の大小関係の定義は 4.12 節の補足 4 C に従う。$E\{[\hat{x}(t) - x(t)][\hat{x}(t) - x(t)]^T\}$ の左から

$$\begin{bmatrix} 0 & \cdots & 0 & 1 & 0 & \cdots & 0 \end{bmatrix}^T$$

の形のベクトルを,右からその転置を掛ければわかるように,式 (5.83) は状態 x の各要素 x_i, $i = 1, 2, \cdots, n$ の平均 2 乗推定誤差も最小となることを意味している。式 (5.82),(5.83) を満たす $\hat{x}$ を最適推定量と呼ぶ。推定の方法としては,線形の推定機構 (動的システム) を用いるという制約を課する。この推定機構が Kalman フィルタである。時刻 t における状態 $x(t)$ の推定には,それまでの既知入力と観測出力のデータ $u(\tau)$, $y(\tau)$, $0 \leq \tau \leq t$ を使う。

5.8　Kalman フィルタ

　確定的な状態推定機構であるオブザーバと同様に,Kalman フィルタも基本的には式 (5.77) の対象システムのモデルである。すなわち,対象システムの既知部分のモデル

$$\begin{aligned} \dot{\hat{x}}(t) &= A\hat{x}(t) + B\hat{u}(t), \\ \hat{y}(t) &= C\hat{x}(t) \end{aligned} \tag{5.84}$$

に対象システムと同じ既知入力 u を加え,対象システムとの出力の差 $y - \hat{y}$ を

フィードバックして得られるものである。すなわち

$$\dot{\hat{x}}(t) = A\hat{x}(t) + Bu(t) + L(t)\Big[y(t) - \hat{y}(t)\Big] \tag{5.85}$$

である。ただし，オブザーバの場合と異なり，ゲイン行列 L は定数行列とはしない。ここで，式 (5.85) を式 (5.86) のように書き換える。

$$\dot{\hat{x}}(t) = \Big[A - L(t)C\Big]\hat{x}(t) + Bu(t) + L(t)y(t) \tag{5.86}$$

Kalman[94] が導いたのは，以下のような結果である。初期条件 $S(0) = X_0$ に対する Riccati 微分方程式

$$\dot{S}(t) = AS(t) + S(t)A^T - S(t)C^T W^{-1} CS(t) + V \tag{5.87}$$

の解 S を用いてゲイン行列を

$$L(t) = S(t)C^T W^{-1} \tag{5.88}$$

と定め，x_0 の期待値を初期状態

$$\hat{x}(0) = \bar{x}_0 \tag{5.89}$$

とおく。このとき，式 (5.86) の $\hat{x}$ は最適推定量となり，推定誤差の分散行列は S である。すなわち，式 (5.90) である。

$$\min E\Big\{\Big[\hat{x}(t) - x(t)\Big]\Big[\hat{x}(t) - x(t)\Big]^T\Big\} = S(t) \tag{5.90}$$

この結果は，以下のように証明できる。まず，式 (5.77) の対象システムの表現と式 (5.86) の推定機構の表現の差を計算することにより，推定誤差

$$e(t) = \hat{x}(t) - x(t) \tag{5.91}$$

の振る舞いは

$$\dot{e}(t) = \Big[A - L(t)C\Big]e(t) + L(t)w(t) - v(t) \tag{5.92}$$

に従うことがわかる。微分方程式

$$\dot{e}(t) = [A - L(t)C]e(t) \tag{5.93}$$

の解は，状態遷移行列 $\Phi_e(t,\tau)$ を用いて

$$e(t) = \Phi_e(t,\tau)e(\tau) \tag{5.94}$$

で表すことができる[95]。そして，式 (5.92) の解は

$$e(t) = \Phi_e(t,0)e(0) + \int_0^t \Phi_e(t,\tau)[L(\tau)w(\tau) - v(\tau)]d\tau \tag{5.95}$$

と書ける。雑音 v, w の期待値は 0 であるから，初期値が $e(0) = \hat{x}(0) - \bar{x}_0 = 0$ のとき，推定誤差 e の期待値も 0，つまり，式 (5.82) が示された。

つぎに，式 (5.83) が成立することを示すために，式 (5.95) を用いながら，推定誤差の分散行列を計算していく。

$$\begin{aligned}
&E\{e(t)e^T(t)\} \\
&= \Phi_e(t,0)E\{e(0)e^T(0)\}\Phi_e^T(t,0) \\
&\quad + \Phi_e(t,0)\int_0^t E\{e(0)\Big[L(\tau)w(\tau) - v(\tau)\Big]^T\}\Phi_e^T(t,\tau)d\tau \\
&\quad + \int_0^t \Phi_e(t,\tau)E\{\Big[L(\tau)w(\tau) - v(\tau)\Big]e^T(0)\}d\tau\, \Phi_e^T(t,0) \\
&\quad + E\Big\{\int_0^t \Phi_e(t,\tau)\Big[L(\tau)w(\tau) - v(\tau)\Big]d\tau \\
&\quad\quad \times \int_0^t \Big[L(s)w(s) - v(s)\Big]^T \Phi_e^T(t,s)ds\Big\}
\end{aligned} \tag{5.96}$$

この第 1 項において

$$e(0) = \hat{x}(0) - x(0) = \bar{x}_0 - x_0 \tag{5.97}$$

であるから

$$E\{e(0)e^T(0)\} = X_0 \tag{5.98}$$

である。つぎに，第 2 項と第 3 項において，雑音 v, w の期待値が 0 で，それ

らが初期状態 x_0 と独立であるという式 (5.79) と式 (5.81) を使うと

$$E\{e(0)\Big[L(\tau)w(\tau) - v(\tau)\Big]^T\} = E\{\Big[\bar{x}_0 - x_0\Big]\Big[w^T(\tau)L^T(\tau) - v^T(\tau)\Big]\}$$
$$= 0 \quad (5.99)$$

がいえる。

第 4 項は，v と w の分散行列を表す式 (5.80)，それらが独立であるという式 (5.81) を使って計算する。

式 (5.96) の右辺第 4 項
$$= \int_0^t \Phi_e(t,\tau)$$
$$\times \int_0^t E\{\Big[L(\tau)w(\tau) - v(\tau)\Big]\Big[w^T(s)L^T(s) - v^T(s)\Big]\}\Phi_e^T(t,s)ds\,d\tau$$
$$= \int_0^t \Phi_e(t,\tau)\int_0^t \Big[L(\tau)W\delta(\tau-s)L^T(s) + V\delta(\tau-s)\Big]\Phi_e^T(t,s)ds\,d\tau$$
$$= \int_0^t \Phi_e(t,\tau)\Big[L(\tau)WL^T(\tau) + V\Big]\Phi_e^T(t,\tau)d\tau \quad (5.100)$$

そして，式 (5.87) の Riccati 方程式を代入し，整理する。

式 (5.96) の右辺第 4 項
$$= \int_0^t \Phi_e(t,\tau)\Big[L(\tau)WL^T(\tau) + \dot{S}(\tau) - AS(\tau) - S(\tau)A^T$$
$$+ S(\tau)C^TW^{-1}CS(\tau)\Big]\Phi_e^T(t,\tau)d\tau$$
$$= \int_0^t \Phi_e(t,\tau)\{\dot{S}(\tau) - \Big[A - L(\tau)C\Big]S(\tau)$$
$$- S(\tau)\Big[A - L(\tau)C\Big]^T\}\Phi_e^T(t,\tau)d\tau$$
$$+ \int_0^t \Phi_e(t,\tau)\Big[L(\tau) - S(\tau)C^TW^{-1}\Big]W$$
$$\times \Big[L(\tau) - S(\tau)C^TW^{-1}\Big]^T\Phi_e^T(t,\tau)d\tau \quad (5.101)$$

ここで，この第 1 項は式 (5.102) のように計算できる。

式 (5.101) の第 1 項 $= \int_0^t \frac{d}{d\tau} \Phi_e(t,\tau) S(\tau) \Phi_e^T(t,\tau) d\tau$

$$= S(t) - \Phi_e(t,0) S(0) \Phi_e^T(t,0) \quad (5.102)$$

以上より，$S(0) = X_0$ であることに注意すると，結局，推定誤差の分散行列は

$$E\{e(t)e^T(t)\} = S(t) + \int_0^t \Phi_e(t,\tau) \Big[L(\tau) - S(\tau)C^TW^{-1}\Big] W$$
$$\times \Big[L(\tau) - S(\tau)C^TW^{-1}\Big]^T \Phi_e^T(t,\tau) d\tau \quad (5.103)$$

と表せる。この右辺第 1 項はゲイン行列 L の選択には独立であり，第 2 項は半正定でゲイン行列を式 (5.88) のように

$$L(t) = S(t)C^TW^{-1} \quad (5.104)$$

と選んだとき最小で 0 となる。したがって，式 (5.90) が証明された。

このように，式 (5.87) の Riccati 方程式を知ってしまえば，この結果は単純な計算によって証明できる。Kalman の業績はこの Riccati 方程式を導き，見つけた点にある。

5.9　最適推定と最適制御の双対性

ところで，式 (5.87) の Riccati 方程式は，システム

$$\dot{x}(t) = Ax(t) + Bu(t) \quad (5.105)$$

と評価関数

$$J = x^T(T) P_T x(T) + \int_0^T \Big[x^T(t)Qx(t) + u^T(t)Ru(t)\Big] dt \quad (5.106)$$

を対象とする最適レギュレータ問題で現れる Riccati 方程式

$$\dot{P}(t) = -A^T P(t) - P(t)A + P(t)BR^{-1}B^T P(t) - Q \quad (5.107)$$

によく似ている．実際

$$A \to A^T, \quad C \to B^T, \quad V \to Q, \quad W \to R \tag{5.108}$$

と置き換えて，微分の時間方向を逆にすると，式 (5.87) は式 (5.107) になる．したがって，最適推定問題を最適制御問題に置き換えることができ，この意味で，これら二つの問題は双対であるといわれる．

その双対な関係より，最適レギュレータ問題の場合の結果を援用すると，(C, A) が可検出対で $(A, V^{1/2})$ が可安定対ならば，式 (5.87) の解は極限

$$\lim_{t \to \infty} S(t) = \bar{S} \tag{5.109}$$

をもち，それは半正定の初期条件 $S(0)$ によらず，代数方程式

$$AS + SA^T - SC^T W^{-1} CS + V = 0 \tag{5.110}$$

の半正定一意解である．そして，その極限を用いてゲイン行列を

$$\bar{L} = \bar{S} C^T W^{-1} \tag{5.111}$$

と定めると，$A - \bar{L}C$ は安定な行列になる．この事実によれば，対象システムの初期状態の分散行列 X_0 が曖昧であったとしても，十分時間を経た後の定常と見なせるところでは，Kalman フィルタの構成にその影響はない．また，$A - \bar{L}C$ が安定なため，十分時間が経過した後は，Kalman フィルタの振る舞いは初期状態 $\hat{x}(0)$ に依存しない．したがって，初期状態の期待値 $\bar{x}_0$ やその分散行列 X_0 が曖昧でも，十分に時間が経過した後には，$\hat{x}$ を最適推定量と，$\bar{S}$ を推定誤差の分散行列の最小値と見なすことができる．

以上より，ある程度長い時間にわたって Kalman フィルタを用いるときには，ゲイン行列としては式 (5.111) の定数行列を用い，初期状態はそれほど正確に設定しなくてもよいといえる．そうして得られる Kalman フィルタ

$$\dot{\hat{x}}(t) = (A - \bar{L}C)\hat{x}(t) + Bu(t) + \bar{L}y(t) \tag{5.112}$$

は時間不変となり，形式的には同一次元オブザーバとまったく同一である．異なる点は，オブザーバの場合，ゲイン行列 $\bar{L}$ は $A - \bar{L}C$ を安定にする範囲で自由度があるのに対し，Kalman フィルタでは $\bar{L}$ は雑音の分散行列 V，W によって一意的に決まる点である．

以上の議論では，初期状態 x_0，雑音 v，w の期待値と分散行列のみが与えられているという設定でなされた．つまり，それらがどのような確率分布のものかは問わなかった．もし，正規型のものならば，Kalman フィルタは得られているデータのもとで事後確率密度を最大にする最尤推定量を与える[96])．

********** 演 習 問 題 **********

【1】最小次元オブザーバの構成に関して，(C, A) と (A_{21}, A_{11}) が可検出性 (可観測性) に関して等価であることを示せ．

【2】未知入力オブザーバの構成に関して，式 (5.36) の条件 (2) のもとで，行列の組

$$((I_p - B_2 B_2^+)A_{21},\ A_{11} - B_1 B_2^+ A_{21})$$

が可検出であることを示せ．

【3】外乱推定オブザーバの構成に関して，(C, A) が可検出であれば，式 (5.45) のもとで

$$\left(\begin{bmatrix} C & 0 \end{bmatrix},\ \begin{bmatrix} A & D \\ 0 & 0 \end{bmatrix}\right)$$

が可検出であることを示せ．

6

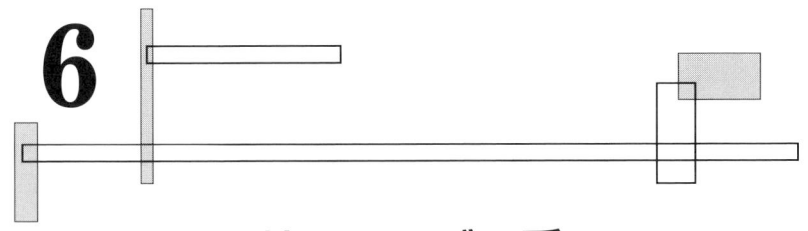

サーボ系

　制御出力を定値(またはステップ関数),ランプ関数,正弦波関数などの目標信号に追従させる制御系をサーボ系と呼ぶ.追従特性としては,時間が十分に経過したのち制御出力と目標信号の差が十分小さくなり,定常状態では一致していることが要求される.この特性は,制御対象が正確に数式で記述され,外乱が存在しないという理想的な状況では,フィードフォワード制御で実現できる.しかし,実際の制御系設計においては,そのような理想的状況を前提とすることはできない.そのため,制御対象の記述誤差や外乱への対処,つまりロバスト化が必要となる.その方法を与えるものが,内部モデル原理である.以下,内部モデル原理を解説するとともに,それに基づくサーボ系の設計法を紹介する.

6.1　サーボ問題

制御対象は,状態方程式

$$\dot{x}(t) = Ax(t) + Bu(t) + Dd(t),$$
$$y(t) = Cx(t) + Ed(t),$$
$$y_m(t) = C_m x(t) + E_m d(t) \tag{6.1}$$

で表される線形時間不変システムとする.ここに,x は状態ベクトル (n 次元),

u は操作入力ベクトル (m 次元), y は制御出力ベクトル (p 次元), y_m は観測出力ベクトル, d は外乱ベクトルである (**図 6.1**)。外乱は一般には測定できないものとされる。各係数行列の大きさはこれらベクトルの次元に対応している。そして,行列の組 (A, B) は可安定, (C_m, A) は可検出とする。

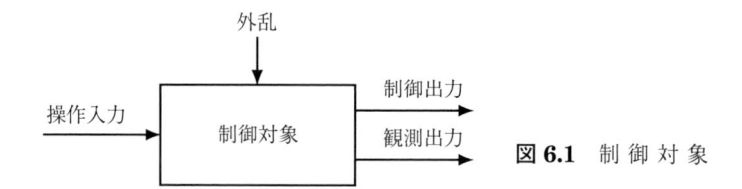

図 6.1 制 御 対 象

制御出力 y が追従すべき目標信号ベクトル (p 次元) を r で表し,その各要素は線形定係数微分方程式の基本解として発生できる時間関数とする。具体的には,定値 a_r, ランプ関数 $a_r t$, 正弦波関数 $a_r \sin(\omega_r t + \theta_r)$, 指数関数 $e^{\lambda_r t}$ などや,それらの積と線形結合である。なお,目標信号ベクトルのすべての要素が同じ関数成分から成り立っている必要はなく,第 1 要素が $2 + 3t$, 第 2 要素が $5\sin(4t + \pi/3)$, ⋯ というように異なっていてもよい。

なぜ目標信号として線形定係数微分方程式の基本解しか考えないかというと,このクラス以外の目標信号に定常誤差なしに制御出力を追従させることは不可能だからである。線形定係数微分方程式の解は,やはり線形定係数微分方程式で表される制御対象にとって,追従できる性質のものである。そして,それは一定の振る舞いを全時間にわたって続けるので,将来の振る舞いが現在すでにわかっているともいえる。したがって,時間が十分経過した定常状態で,誤差をなくする操作入力を知ることができる。それに対して,任意の時刻に任意に変化するような目標信号に誤差なしで追従することが不可能であることは,容易に理解できるであろう。

外乱 d の要素も同様の時間関数とする。なぜそのような外乱しか扱えないかというと,6.2 節で述べる内部モデル原理の説明からわかることであるが,線形かつ時間不変の補償器を使う限り,このクラス以外の時間関数の影響を除き,定常誤差なしに制御出力を目標信号に追従させることは不可能だからである。

以下では，微分方程式

$$\dot{x}_r(t) = A_r x_r(t) \tag{6.2}$$

で目標信号 r と外乱 d の発生機構を同時に表すとする．ここに，ベクトル x_r の次元 (n_r とする) と行列 A_r の要素は r と d の時間関数成分の種類と数によって決まる．

例えば，目標信号 r と外乱 d が含んでいる時間関数成分が 1, t, $\sin 2t$ の場合，微分方程式として

$$\dot{x}_r(t) = \left[\begin{array}{cc|cc} 0 & 1 & 0 & 0 \\ 0 & 0 & 0 & 0 \\ \hline 0 & 0 & 0 & -2 \\ 0 & 0 & 2 & 0 \end{array}\right] x_r(t) \tag{6.3}$$

を考えれば，それらの成分を発生することができる．式 (6.3) において，右辺の行列は実線によって 4 ブロックに分けられているが，その左上ブロックが 1 と t の成分を発生し，右下のブロックが $\sin 2t$ を発生する．

また，式 (6.3) と等価変換で結ばれる

$$\dot{x}_r(t) = \begin{bmatrix} 0 & 1 & 0 & 0 \\ 0 & 0 & 1 & 0 \\ 0 & 0 & 0 & 1 \\ 0 & 0 & -4 & 0 \end{bmatrix} x_r(t) \tag{6.4}$$

によっても同じ時間関数を発生することができる．この右辺の行列の最下行は，発生すべき時間関数のラプラス変換 $1/s$, $1/s^2$, $2/(s^2+4)$ の分母の最小公倍多項式

$$s^4 + 0\,s^3 + 4\,s^2 + 0\,s + 0$$

の係数を低次項の係数から順に符号を反転して並べたものである．式 (6.3) の行列よりこの行列のほうが系統的に求めやすい．ベクトル x_r の次元はこの最小公倍多項式の次数に等しい．

以上の準備のもとに，式 (6.1) の制御対象に対して
(1) 安定で，
(2) その定常状態において，外乱の影響を除去し

$$y(t) = r(t) \tag{6.5}$$

が成立する

ような制御系を構成しようというのが，われわれが考えるサーボ系構成問題である[16]。上の条件 (1)，(2) は

$$y(t) \to r(t), \quad t \to \infty$$

となることと等価である。

6.2　内部モデル原理

後に述べるように，制御対象が安定で，その数式表現が正確かつ外乱が存在しない場合には，制御出力を目標信号に定常状態で一致させるような操作入力を計算することができる。そして，それをフィードフォワード的に加えることによって，サーボ系の目的を達成することができる。しかし，実際によく出会うように，測定できない外乱が存在したり制御対象の記述が誤差を含む場合には，制御出力の目標値 r と実際の値 y の差を操作入力にフィードバックしてそれらを克服しなければならない。したがって，サーボ系の基本的な構成は**図 6.2** のようになる。

この図において，y は制御出力であって直接測定できるとは限らない。直接測定できない場合には，観測出力 y_m を使って上のようなフィードバック系を構成する。それが可能であるために

$$y(t) = M y_m(t) \tag{6.6}$$

のように，y が y_m の線形結合の形で計算できるものとする。ここに，M は適

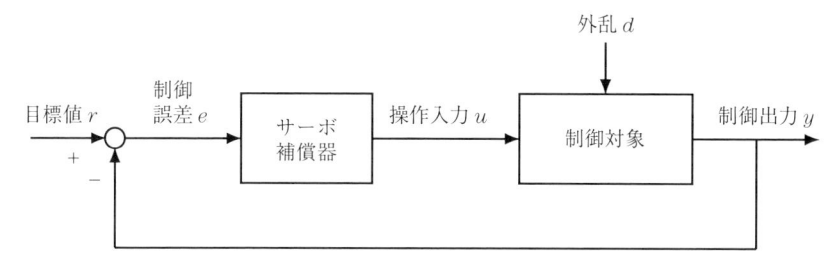

図 6.2 サーボ系の基本構成

当な大きさの定数行列とする．サーボ系が構成できるためには，このような意味で，観測出力が制御出力 (の情報) を含んでいる必要がある．

さて，図 **6.2** の構造で望ましい安定なサーボ系が構成できたとして，いま定常状態にあるとする．すなわち，制御出力 y は目標信号 r に一致しているとする．このとき，制御対象の操作入力 u は外乱 d の影響を打ち消す仕事と制御出力を r にする仕事を同時にしている．制御対象が線形時間不変システムだから，このためには，u が r や d に含まれている時間関数成分をもたなければならない．ところが，定常状態では制御誤差 e は 0 だから，そのような時間関数成分は補償器の内部で発生される以外ない．したがって，例えば，目標信号がランプ関数 t，外乱が正弦波関数 $\sin 2t$ のときには，補償器が t と $\sin 2t$ のモードを発生しなければならない．つまり，サーボ系を図 **6.2** の形で構成する場合，目標信号や外乱を発生する機構と同一のもの，すなわち，モデルを補償器の内部にもたなければならないのである．しかも，目標信号の自由度は p だから，それに対応するためには操作入力も同じ自由度を保持している必要があり，補償器に p 個のモデルが必要である．これは，定値外乱のもとで，定値目標信号に対して定常誤差をなくすには，各制御出力ごとの制御誤差に積分補償を施すことが必要というよく知られた事実[97],[98] を一般的に述べたもので，内部モデル原理と呼ばれる[15]．

ところで，操作入力の数 m が p より小さければ，その自由度は p になりえない．したがって，操作入力の数は制御出力の数より多いか等しくなければならない．すなわち

$m \geqq p$

であることが必要である。また，たとえ補償器が目標信号や外乱の時間関数成分を発生しても，制御対象においてその操作入力から制御出力への伝達が零点[82]によって阻害されれば，サーボ系の目的は達成されない。したがって，式 (6.2) の微分方程式で目標信号と外乱が発生されるとき，行列 A_r のすべての固有値 λ について

$$\mathrm{rank} \begin{bmatrix} A - \lambda I_n & B \\ C & 0 \end{bmatrix} = n + p \tag{6.7}$$

が成立していなければならない。

以上の議論は，すべての制御出力はすべての操作入力の影響を受けることを前提としている。その場合，たとえ制御出力の各要素ごとの目標信号のモードが異なっていても，p 個の各内部モデルは目標信号と外乱に現れるすべての時間関数を発生するものでなければならない。もし，制御対象の構造が，一部の制御出力が一部の操作入力の影響を受けないようになっており，各制御出力ごとに目標信号のクラスが異なる場合，内部モデルの一部から一部の関数発生機構を除くことができる[99],[100]。

6.3 サーボ系の構成

以上で述べてきたことにより，サーボ系が構成できるためには，つぎの (1)〜(5) の条件が成立している必要がある[16]。

(1) (A, B) の組は可安定
(2) (C_m, A) の組は可検出
(3) m(操作入力の数) $\geqq p$(制御出力の数)
(4) 目標信号 r と外乱 d を発生する式 (6.2) の行列 A_r の固有値 λ のすべてについて

$$\mathrm{rank} \begin{bmatrix} A - \lambda I_n & B \\ C & 0 \end{bmatrix} = n + p \qquad (\text{行最大ランク})$$

(5) 観測出力 y_m は制御出力 y を含む。

これらの条件のうち (1) と (2) が必要であることは明確に述べなかった。しかし，それらが成り立っていなければ，制御対象内の不安定な部分を観測出力と操作入力を使って安定化できないので，それらの必要性は明らかだろう。

それでは，この条件のもとで実際にサーボ系が構成できることを示す[16]。ここでは，内部モデル原理が満たされるように補償器を構成するので，でき上がったサーボ系は，安定性が損なわれない範囲の制御対象の記述誤差のもとで有効に働くロバストな制御系になる。

まず，補償器として

$$\dot{w}(t) = Jw(t) + Le(t) \tag{6.8}$$

を考える。ここに，w は pn_r 次元ベクトル，行列 J，L は p 個の対角ブロックからなる

$$\begin{aligned} J &= \mathrm{diag}\{A_r\,,\ A_r\,,\ \cdots\,,\ A_r\}, \\ L &= \mathrm{diag}\{b\,,\ b\,,\ \cdots\,,\ b\} \end{aligned} \tag{6.9}$$

である。J の対角ブロック A_r は式 (6.2) によって，すなわち目標信号と外乱によって決まる。L の対角ブロック b は n_r 次元ベクトルで，それは (A_r, b) が可制御な組になるように選ぶ。そのような b は，A_r の特性多項式と最小多項式が一致するとき，必ず存在する[55]。そのためには，式 (6.2) の微分方程式を，指定された目標信号や外乱を発生するもののなかで最小次元のものに選んでおけばよい。

例えば，式 (6.3) と式 (6.4) の例では，特性多項式と最小多項式が一致している。まず，式 (6.3) の A_r に対しては

$$b = \begin{bmatrix} 0 & 1 & \mid & 0 & 1 \end{bmatrix}^T \tag{6.10}$$

と選べば, (A_r, b) の組は可制御である.この場合は,実線で示されたブロックごとに可制御になるように b を定めればよい.一方,式 (6.4) の A_r に対しては

$$b = \begin{bmatrix} 0 & 0 & 0 & 1 \end{bmatrix}^T \tag{6.11}$$

と選べばよい.式 (6.4) の形の行列はコンパニオン型と呼ばれるが,この形の行列に対しては,b として最後の要素が 1 で,ほかはすべて 0 のベクトルがいつも (A_r, b) の組を可制御にする.

さて,式 (6.8) の補償器は内部モデル原理をもとに,定常状態で制御出力が目標信号に追従するために導入されたものである.したがって,それはサーボ補償器と呼ばれる.この補償器を式 (6.1) の制御対象に接続したものは拡大系と呼ばれ

$$\begin{bmatrix} \dot{x}(t) \\ \dot{w}(t) \end{bmatrix} = \begin{bmatrix} A & 0 \\ -LC & J \end{bmatrix} \begin{bmatrix} x(t) \\ w(t) \end{bmatrix} + \begin{bmatrix} B \\ 0 \end{bmatrix} u(t) + \begin{bmatrix} 0 \\ L \end{bmatrix} r(t)$$
$$+ \begin{bmatrix} D \\ -LE \end{bmatrix} d(t),$$
$$y(t) = \begin{bmatrix} C & 0 \end{bmatrix} \begin{bmatrix} x(t) \\ w(t) \end{bmatrix} + E d(t) \tag{6.12}$$

と記述され,**図 6.3** のように表される.この図からわかるように,この系はまだフィードバック系としては完成しておらず,サーボ補償器から制御対象への接続が残っている.その接続は,結果として得られる閉ループ系が安定になる

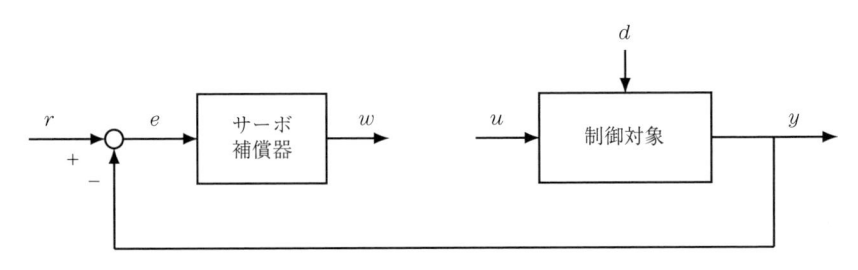

図 6.3 拡　大　系

ものでなければならない．この安定化には制御対象自身の状態フィードバックも協力させることが考えられる．上で述べたサーボ系構成のための条件 (1) と (J, L) の組の可制御性より

$$\left(\begin{bmatrix} A & 0 \\ -LC & J \end{bmatrix}, \begin{bmatrix} B \\ 0 \end{bmatrix}\right)$$

が可安定であることがいえるから (演習問題【1】参照)，そのような状態フィードバック

$$u(t) = K_1 x(t) + K_2 w(t) \tag{6.13}$$

は存在し，安定な閉ループ系

$$\begin{bmatrix} \dot{x}(t) \\ \dot{w}(t) \end{bmatrix} = \begin{bmatrix} A + BK_1 & BK_2 \\ -LC & J \end{bmatrix} \begin{bmatrix} x(t) \\ w(t) \end{bmatrix} + \begin{bmatrix} 0 \\ L \end{bmatrix} r(t)$$

$$+ \begin{bmatrix} D \\ -LE \end{bmatrix} d(t),$$

$$y(t) = \begin{bmatrix} C & 0 \end{bmatrix} \begin{bmatrix} x(t) \\ w(t) \end{bmatrix} + E d(t) \tag{6.14}$$

が得られる．ここに，式 (6.13) のフィードバックゲイン K_1, K_2 の決定には，例えば最適レギュレータ構成法や極指定法を用いればよい．

　式 (6.13) の制御則において，w は補償器の状態であるから直接用いることができるが，x は制御対象の状態だから測定できるとは限らない．その場合には，観測出力 y_m と操作入力 u を入力とするオブザーバを用いることになる．そのようなオブザーバによって状態推定が可能であることは，(C_m, A) の組の可検出性の仮定により保証されている．以上より，サーボ系全体の構成は図 **6.4** のようになる．

　このように安定な制御系が構成されたとき，その制御量 y が定常状態で本当に目標信号 r に一致することを確かめる．安定な制御系においては，時間が十

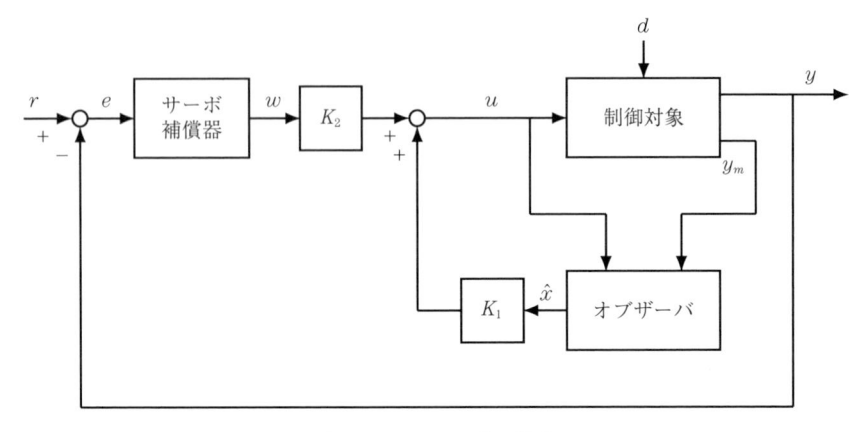

図 6.4 サーボ系の構成

分に経過して定常状態に至ると，そのすべての変数の振る舞いに初期状態による成分はなくなっている．したがって，サーボ補償器の状態 w の振る舞いも外部からの入力，すなわち目標信号 r と外乱 d の成分のみからなる．

いま，簡単のため，目標信号と外乱の少なくとも一方は t というランプ関数の成分をもち，どちらも t^2 以上の成分はもたないとする．このとき，もし $y = r$ でなければ，サーボ補償器の入力 e に t の成分が残る．そして，(J, L) の組は可制御であるから，サーボ補償器の状態 w はこの成分で励起される．すると，内部モデル原理に従ったサーボ補償器はこの成分を発生するモデルを内蔵しているから，結果的に w は t^2 の振る舞いをすることになる．これは，すべての変数の振る舞いが t の成分しかもたないことに矛盾する．したがって，$y = r$ となっていなければならない．ここでは，t というランプ関数成分のみを考えたが，他の成分の場合も同様である．

以上の議論は，サーボ補償器が正確に構成されているという前提のもとで，閉ループ系の安定性が損なわれない限り成立する．したがって，その範囲内で制御対象の記述誤差や変動があっても，構成されたサーボ系は有効に働く．この意味で，このサーボ系はロバストである．

6.4 積分型最適サーボ系

ここでは，6.3 節のサーボ系の設計法を発展させ，最適サーボ系の設計法[101]を述べる．ここでいう最適性は，最適レギュレータ理論と同様，ある 2 次形式評価関数を最小にするという意味である．目標信号 r は，簡単のため，定値とする．定値以外の一般的な場合への拡張も可能である[102]．また，記述を簡単にするため，操作入力 u と制御出力 y の次元 m，p は等しいとする．外乱 d は 0 として設計する．内部モデル原理に基づいているので，得られるサーボ系の構成に影響はない．観測出力 y_m としては状態 x が測定できるものとする．このような問題設定のもと，制御対象を

$$\dot{x}(t) = Ax(t) + Bu(t),$$
$$y(t) = Cx(t) \tag{6.15}$$

と書く．

目標信号が定値の場合，式 (6.2) の A_r はスカラの 0 である．したがって，サーボ系の構成可能条件の (4) は

$$\det \begin{bmatrix} A & B \\ C & 0 \end{bmatrix} \neq 0 \tag{6.16}$$

が成立することである．制御出力 y が定値 r になるような定値の状態と操作入力，すなわち

$$0 = Ax_\infty + Bu_\infty,$$
$$r = Cx_\infty \tag{6.17}$$

を満たす x_∞，u_∞ は式 (6.16) の条件のもとに一意に定まり

$$\begin{bmatrix} x_\infty \\ u_\infty \end{bmatrix} = \begin{bmatrix} A & B \\ C & 0 \end{bmatrix}^{-1} \begin{bmatrix} 0 \\ r \end{bmatrix} \tag{6.18}$$

である。これらの定常値からの状態と操作入力の偏差

$$\tilde{x}(t) = x(t) - x_\infty, \quad \tilde{u}(t) = u(t) - u_\infty \qquad (6.19)$$

が速やかに 0 になるのが，よい制御だろう。

さて，内部モデル原理に基づく式 (6.8) のサーボ補償器の係数行列 J は，$A_r = 0$ だから，0 行列である。このとき，L を単位行列に選べば，(J, L) の組は可制御となる。ゆえに，ここで用いるサーボ補償器は

$$\dot{w}(t) = e(t) \qquad (6.20)$$

つまり，積分補償器である。

この積分補償器と式 (6.15) の制御対象を合わせた拡大系 (図 **6.5**) は

$$\begin{bmatrix} \dot{x}(t) \\ \dot{w}(t) \end{bmatrix} = \begin{bmatrix} A & 0 \\ -C & 0 \end{bmatrix} \begin{bmatrix} x(t) \\ w(t) \end{bmatrix} + \begin{bmatrix} B \\ 0 \end{bmatrix} u(t) + \begin{bmatrix} 0 \\ I \end{bmatrix} r,$$

$$y(t) = \begin{bmatrix} C & 0 \end{bmatrix} \begin{bmatrix} x(t) \\ w(t) \end{bmatrix} \qquad (6.21)$$

となる。制御出力 y が目標信号 r に一致する状態と操作入力の定常値 x_∞, u_∞ が

$$\begin{bmatrix} A & 0 \\ -C & 0 \end{bmatrix} \begin{bmatrix} x_\infty \\ w_\infty \end{bmatrix} + \begin{bmatrix} B \\ 0 \end{bmatrix} u_\infty + \begin{bmatrix} 0 \\ I \end{bmatrix} r = 0 \qquad (6.22)$$

を満たすことを使って，偏差 $\tilde{x}, \tilde{u}$ について書くと

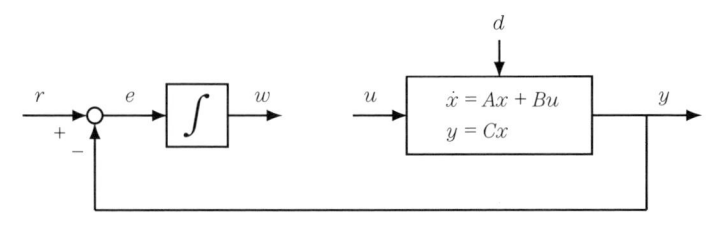

図 **6.5** 拡 大 系

$$\begin{bmatrix} \dot{\tilde{x}}(t) \\ \dot{\tilde{w}}(t) \end{bmatrix} = \begin{bmatrix} A & 0 \\ -C & 0 \end{bmatrix} \begin{bmatrix} \tilde{x}(t) \\ \tilde{w}(t) \end{bmatrix} + \begin{bmatrix} B \\ 0 \end{bmatrix} \tilde{u}(t),$$

$$e(t) = \begin{bmatrix} -C & 0 \end{bmatrix} \begin{bmatrix} \tilde{x}(t) \\ \tilde{w}(t) \end{bmatrix} \quad (6.23)$$

を得る。ここに，w_∞ は w の定常値，$\tilde{w}$ はその偏差

$$\tilde{w}(t) = w(t) - w_\infty \quad (6.24)$$

である。式 (6.16) の条件のもとで，この拡大系は安定化可能である。

ここで注意すべきことは，状態と操作入力の定常値 x_∞ と u_∞ は式 (6.18) によって一意に決まっているのに対して，積分補償器の状態 w の定常値 w_∞ はまだ定まっていないことである。制御出力 y が目標値 r になったとき，制御誤差 e は 0 であるから，その積分である w の定常値 w_∞ は存在する。しかし，その値は未定であり，それはこれから設計する制御則に依存するのである。ここで紹介する最適制御則は，評価関数の値が最小になるように w_∞ を決めるものである。

さて，評価関数として制御誤差 e，積分補償器の状態の偏差 $\tilde{w}$，操作入力の偏差 $\tilde{u}$ の 2 次形式からなる

$$J_a = \int_0^\infty \{e^T(t)Q_1 e(t) + \tilde{w}^T(t)Q_2 \tilde{w}(t) + \tilde{u}^T(t)R\tilde{u}(t)\}dt \quad (6.25)$$

を考える。ここに，初期時刻 $t = 0$ は新たな目標信号が与えられた時刻，すなわち，目標信号の値がそれ以前の値から変化した時刻である。そして，Q_1, Q_2, R は正定行列である。$\tilde{w}^T Q_2 \tilde{w}$ の項を組み入れたのは，そうしなければ積分補償の効果を制御入力に反映することができないからである。こうすることにより，評価関数に含まれる

$$\begin{bmatrix} e(t) \\ \tilde{w}(t) \end{bmatrix} = \begin{bmatrix} -C & 0 \\ 0 & I_p \end{bmatrix} \begin{bmatrix} \tilde{x}(t) \\ \tilde{w}(t) \end{bmatrix}$$

に関して

$$\left(\begin{bmatrix} -C & 0 \\ 0 & I_p \end{bmatrix}, \begin{bmatrix} A & 0 \\ -C & 0 \end{bmatrix} \right)$$

の組が可検出になり，この評価関数は最適レギュレータ理論が適用できるものになる。

式 (6.25) の評価関数 J_a を式 (6.23) について最小とする操作入力偏差 $\tilde{u}$ は

$$\tilde{u}(t) = -R^{-1} \begin{bmatrix} B^T & 0 \end{bmatrix} \begin{bmatrix} P_{11} & P_{12} \\ P_{12}^T & P_{22} \end{bmatrix} \begin{bmatrix} \tilde{x}(t) \\ \tilde{w}(t) \end{bmatrix} \tag{6.26}$$

の形で実現できる。ここに

$$\begin{bmatrix} P_{11} & P_{12} \\ P_{12}^T & P_{22} \end{bmatrix}$$

は Riccati 方程式

$$\begin{bmatrix} A^T & -C^T \\ 0 & 0 \end{bmatrix} \begin{bmatrix} P_{11} & P_{12} \\ P_{12}^T & P_{22} \end{bmatrix} + \begin{bmatrix} P_{11} & P_{12} \\ P_{12}^T & P_{22} \end{bmatrix} \begin{bmatrix} A & 0 \\ -C & 0 \end{bmatrix}$$
$$- \begin{bmatrix} P_{11} & P_{12} \\ P_{12}^T & P_{22} \end{bmatrix} \begin{bmatrix} B \\ 0 \end{bmatrix} R^{-1} \begin{bmatrix} B^T & 0 \end{bmatrix} \begin{bmatrix} P_{11} & P_{12} \\ P_{12}^T & P_{22} \end{bmatrix}$$
$$+ \begin{bmatrix} C^T Q_1 C & 0 \\ 0 & Q_2 \end{bmatrix} = 0 \tag{6.27}$$

の半正定解で，P_{22} は正定である[101]。そして，式 (6.26) の制御則を式 (6.23) の偏差系に施して得られる閉ループ系

$$\begin{bmatrix} \dot{\tilde{x}}(t) \\ \dot{\tilde{w}}(t) \end{bmatrix} = \begin{bmatrix} A - BR^{-1}B^T P_{11} & -BR^{-1}B^T P_{12} \\ -C & 0 \end{bmatrix} \begin{bmatrix} \tilde{x}(t) \\ \tilde{w}(t) \end{bmatrix},$$
$$e(t) = \begin{bmatrix} -C & 0 \end{bmatrix} \begin{bmatrix} \tilde{x}(t) \\ \tilde{w}(t) \end{bmatrix} \tag{6.28}$$

は漸近安定で，$t \to \infty$ のとき

$$\tilde{x}(t) \to 0, \quad \tilde{w}(t) \to 0, \quad e(t) \to 0$$

となることが保証されている。

さて，偏差入力 $\tilde{u}$ に関する式 (6.26) の制御則を本来の操作入力 u について書く。

$$u(t) = F_a x(t) + G_a w(t) + u_\infty - F_a x_\infty - G_a w_\infty \tag{6.29}$$

ただし

$$F_a = -R^{-1} B^T P_{11}, \quad G_a = -R^{-1} B^T P_{12} \tag{6.30}$$

である。上で述べたように，式 (6.29) の制御則のなかの w_∞ は未定である。w_∞ はわれわれが自由に設定できるのである。実際，w_∞ がどのような値でも，式 (6.28) の閉ループ偏差系は漸近安定であるから，式 (6.29) で w_∞ を任意に設定しておいても $w(t) \to w_\infty$, $t \to \infty$ となる。

それでは，この w_∞ をどのような値に定めるのがよいのであろうか。そのために，式 (6.26) の制御則によって得られる式 (6.25) の評価関数 J_a の最小値

$$\min_{\tilde{u}} J_a = \begin{bmatrix} \tilde{x}_0^T & \tilde{w}_0^T \end{bmatrix} \begin{bmatrix} P_{11} & P_{12} \\ P_{12}^T & P_{22} \end{bmatrix} \begin{bmatrix} \tilde{x}_0 \\ \tilde{w}_0 \end{bmatrix} \tag{6.31}$$

を考える。ここに，$\tilde{x}_0$, $\tilde{w}_0$ はそれぞれ $\tilde{x}$, $\tilde{w}$ の初期値である。つまり，x と w の初期値を x_0, w_0 とすると

$$\tilde{x}_0 = x_0 - x_\infty, \quad \tilde{w}_0 = w_0 - w_\infty \tag{6.32}$$

である。x_0 は初期時刻 $t=0$ までの制御対象の振る舞いによって決まっており，x_∞ は式 (6.18) によって決まっているから，われわれは $\tilde{x}_0$ を変更することはできない。一方，w_0 は x_0 と同様に決まっているが，w_∞ は自由に設定できるので，$\tilde{w}_0$ は変更可能である。そこで，式 (6.31) をさらに $\tilde{w}_0$ について最小化すると

$$\tilde{w}_0 = -P_{22}^{-1}P_{12}^T\tilde{x}_0 \tag{6.33}$$

のとき

$$\min_{\tilde{w}_0}\min_{\tilde{u}} J_a = \tilde{x}_0^T(P_{11} - P_{12}P_{22}^{-1}P_{12}^T)\tilde{x}_0 \tag{6.34}$$

を得る。つまり，式 (6.33) より，w_∞ を

$$w_\infty = w_0 + P_{22}^{-1}P_{12}^T(x_0 - x_\infty) \tag{6.35}$$

と選ぶことによって，評価関数を最小にすることができるのである。

式 (6.35) の w_∞ を式 (6.29) に代入し，式 (6.18) を使って整理すると，結局，われわれは最適制御則として

$$u(t) = F_a x(t) + G_a w(t) + H_a r - G_a P_{22}^{-1}P_{12}^T x_0 - G_a w_0 \tag{6.36}$$

を得る。ただし

$$H_a = \begin{bmatrix} -F_a + G_a P_{22}^{-1}P_{12}^T & I \end{bmatrix} \begin{bmatrix} A & B \\ C & 0 \end{bmatrix}^{-1} \begin{bmatrix} 0 \\ I \end{bmatrix} \tag{6.37}$$

である。この制御則は，目標信号からのフィードフォワード項 $H_a r$ と初期状態によって決まる定値項 $-G_a P_{22}^{-1}P_{12}^T x_0 - G_a w_0$ をもっている点が特徴である。つまり，式 (6.25) の評価関数 J_a の最小化を追求すれば，このような項を含む制御則となるのである。式 (6.36) の制御則を式 (6.21) の拡大系に施して得られる積分型サーボ系の全体は**図 6.6** のように表せる。

式 (6.36) の制御則のなかの初期状態によって決まる定値項は一般の状況を考えると必要であるが，目標信号の変化がシステムが定常状態に落ち着いている状況のみで起こると仮定すれば，必要ない[101]。つまり

$$u(t) = F_a x(t) + G_a w(t) + H_a r \tag{6.38}$$

が最適制御則になりうる。なぜなら，この制御則を施したとき，定常状態では

6.4 積分型最適サーボ系

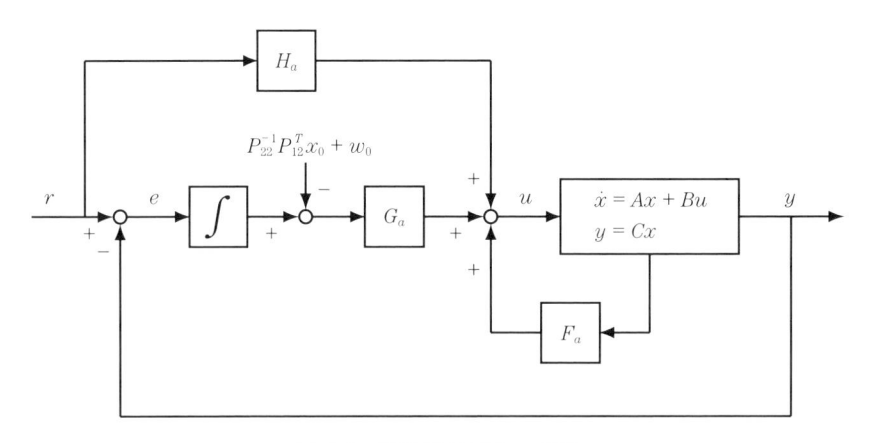

図 **6.6** 積分型最適サーボ系

$$u_\infty = F_a x_\infty + G_a w_\infty + H_a r \tag{6.39}$$

であるが，式 (6.18) と式 (6.37) より

$$H_a r = u_\infty - (F_a - G_a P_{22}^{-1} P_{12}^T) x_\infty \tag{6.40}$$

なので

$$G_a P_{22}^{-1} P_{12}^T x_\infty + G_a w_\infty = 0 \tag{6.41}$$

が成立しているからである。目標信号が変化したとき，新たな制御において，これは

$$G_a P_{22}^{-1} P_{12}^T x_0 + G_a w_0 = 0 \tag{6.42}$$

を意味する。したがって，最適制御則に初期状態による定値項を含めなくてよい。すなわち，図 **6.6** の積分器の出力に加えられている定値入力は省くことができる。

ここで述べた最適サーボ系は，目標信号の変化に対して式 (6.25) の評価関数の意味で最適に追従する制御系である。簡単のために，外乱 d を陽には扱わなかったが，外乱が定値で変化しなければ，最適性は保存される。x_0 と x_∞ は

d の影響を受けるが，$x_0 - x_\infty$ は d に独立なので，上の議論が成立するからである。外乱が変化する場合，もしそれが測定できるなら，外乱からのフィードフォワードにより，同様の最適サーボ系を構成することができる[101]。

6.5 最適サーボ系の2自由度構成

これまでに述べてきたように，内部モデル原理に基づいて導入されるサーボ補償器は，外乱や制御対象の記述誤差に対処するためである。したがって，逆にいえば，外乱が存在せず，制御対象の正確な数式表現が得られる場合には，目標信号への追従にサーボ補償器は必要ない。理論上，目標信号への追従はサーボ補償器なしで可能である[103]。以下では，この事実に基づき，外乱や制御対象の記述誤差が存在する場合だけサーボ補償の効果が現れるような2自由度制御系としての最適サーボ系[104],[105]を紹介する。ここでも簡単のため，目標信号は定値とするが，一般の目標信号の場合への拡張も可能である[106],[107]。

この問題設定において，設計計算の段階では，外乱 d は 0，式 (6.15) は制御対象の真の記述であるとする。そして，式 (6.15) と状態，操作入力の定常値を与える式 (6.17) の差として得られる偏差系

$$\dot{\tilde{x}}(t) = A\tilde{x}(t) + B\tilde{u}(t),$$
$$e(t) = -C\tilde{x}(t) \tag{6.43}$$

を考える。このように表された制御誤差 e と操作入力の偏差 $\tilde{u}$ が速やかに 0 となるのがよい制御といえる。そこで，2次形式評価関数

$$J = \int_0^\infty \{e^T(t)Qe(t) + \tilde{u}^T(t)R\tilde{u}(t)\}dt \tag{6.44}$$

を考える。ここに，Q, R は正定行列である。式 (6.44) の積分の下限である初期時刻 $t = 0$ は目標信号 r の新たな値が与えられた時刻である。

最適レギュレータ理論によると，式 (6.44) の評価関数の値を最小にする偏差入力 $\tilde{u}$ は，Riccati 方程式

6.5 最適サーボ系の2自由度構成

$$A^T P + PA - PBR^{-1}B^T P + C^T QC = 0 \tag{6.45}$$

の半正定解 P を用いて

$$\tilde{u}(t) = -R^{-1}B^T P \tilde{x}(t) \tag{6.46}$$

で与えられる。式 (6.19) によれば，これは実際の操作入力 u が

$$u(t) = -R^{-1}B^T P x(t) + u_\infty + R^{-1}B^T P x_\infty \tag{6.47}$$

であることを意味する。この右辺第 2 項と第 3 項を式 (6.18) を使ってまとめると

$$u(t) = F_0 x(t) + H_0 r \tag{6.48}$$

となる。ただし

$$F_0 = -R^{-1}B^T P,$$
$$H_0 = \begin{bmatrix} -F_0 & I \end{bmatrix} \begin{bmatrix} A & B \\ C & 0 \end{bmatrix}^{-1} \begin{bmatrix} 0 \\ I \end{bmatrix} \tag{6.49}$$

である。したがって，最適追従系の構成は，図 **6.7** のように状態フィードバックと目標信号 r からのフィードフォワードからなる。

こうして得られた制御系の全体は

$$\dot{x}(t) = (A + BF_0)x(t) + BH_0 r,$$

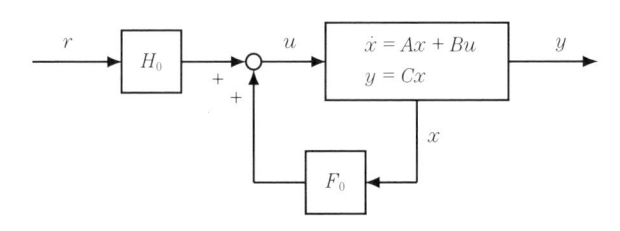

図 **6.7** 最適追従系

$$y(t) = Cx(t) \tag{6.50}$$

で記述される。式 (6.46) の制御則が式 (6.43) の偏差系を安定にすることが最適レギュレータ理論によって保証されているから, $A + BF_0$ は安定な (固有値の実部がすべて負の) 行列である。

目標信号 r から制御出力 y までを伝達関数で表すと

$$Z(s) = C(sI - A - BF_0)^{-1}BH_0 \tag{6.51}$$

である。式 (6.49) で定義されたフィードフォワードゲイン H_0 を計算すると

$$H_0 = -\{C(A + BF_0)^{-1}B\}^{-1} \tag{6.52}$$

となるので, 伝達関数 $Z(s)$ の $s = 0$ に対する値は単位行列 I_p である。したがって, 定常状態において, 制御出力 y は目標信号 r に一致する。

以上のように, 外乱が存在せず, 式 (6.15) が制御対象の正確な数式表現であるという理想的状況であれば, **図 6.7** の制御系が最適追従系である。しかし, 実際の問題では, そのような理想的状況を前提とすることはできず, 積分補償を導入する必要がある。そこで, **図 6.7** の最適追従系の性質をできるだけ保存しつつ, 外乱や制御対象の記述誤差が存在するときのみ積分補償の効果が現れる 2 自由度構造の制御系が考えられている。ここで, その構成法を述べる。

まず, 式 (6.50) の最適追従系に対し, 積分補償

$$\dot{w}(t) = e(t) \tag{6.53}$$

を付加し, **図 6.8** のように, 拡大系

$$\begin{bmatrix} \dot{x}(t) \\ \dot{w}(t) \end{bmatrix} = \begin{bmatrix} A + BF_0 & 0 \\ -C & 0 \end{bmatrix} \begin{bmatrix} x(t) \\ w(t) \end{bmatrix} + \begin{bmatrix} BH_0 \\ I \end{bmatrix} r$$

$$+ \begin{bmatrix} B \\ 0 \end{bmatrix} v(t),$$

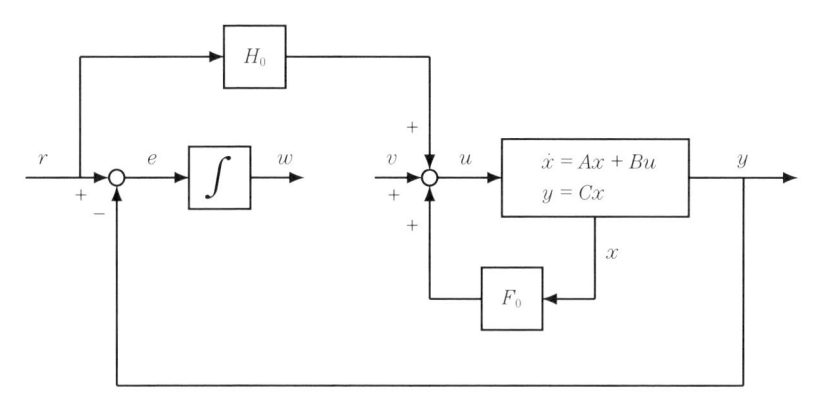

図 6.8 最適追従系に基づく拡大系

$$y(t) = \begin{bmatrix} C & 0 \end{bmatrix} \begin{bmatrix} x(t) \\ w(t) \end{bmatrix} \tag{6.54}$$

を構成する。ここに，v は式 (6.54) のシステムにおける新たな入力である。さて

$$v(t) = 0 \tag{6.55}$$

とすると，**図 6.8** の拡大系と**図 6.7** の最適追従系における制御対象部分の操作入力 u はまったく同じである。したがって，それらの状態 x の振る舞いも等しく

$$x(t) = (A + BF_0)^{-1}\dot{x}(t) - (A + BF_0)^{-1}BH_0 r \tag{6.56}$$

と表すことができる。そして，追従誤差 e は

$$\begin{aligned} e(t) &= r - Cx(t) \\ &= r - C(A + BF_0)^{-1}\dot{x}(t) + C(A + BF_0)^{-1}BH_0 r \\ &= -C(A + BF_0)^{-1}\dot{x}(t) \end{aligned} \tag{6.57}$$

と書ける。したがって，その積分値 w は式 (6.58) のように表現できる。

$$w(t) = \int_0^t e(\tau)\,d\tau + w_0$$
$$= -F_1 x(t) + F_1 x_0 + w_0 \tag{6.58}$$

ただし

$$F_1 = C(A + BF_0)^{-1} \tag{6.59}$$

である。このことは，w の振る舞いが，対象システムの状態からのフィードバックと初期状態に依存したある定値で打ち消せることを示している。すなわち，仮想的な出力 z を

$$z(t) = w(t) + F_1 x(t) - F_1 x_0 - w_0 \tag{6.60}$$

と定義すれば，つねに

$$z(t) = 0 \tag{6.61}$$

が成り立つことがいえる。

そこで，式 (6.54) の拡大系に対して，式 (6.62) に示す入力を考える (図 **6.9**)。

$$v(t) = Gz(t)$$
$$= G\{w(t) + F_1 x(t) - F_1 x_0 - w_0\} \tag{6.62}$$

ここに，G は後に定める正方行列である。このとき，得られた閉ループ系において，どのような G に対しても

$$z(t) = 0, \quad v(t) = 0 \tag{6.63}$$

が成立する。このことは，どのような G を用いても，制御対象の記述誤差や外乱が存在しなければ，目標信号 r に対し，制御出力 y は式 (6.50) の積分補償を含まない最適追従系の制御出力とまったく同じ振る舞いをすることを意味している。そして，制御対象が変動したり，定値外乱が加わったときには，z が 0 でなくなり，積分補償の効果が現れることがわかる。

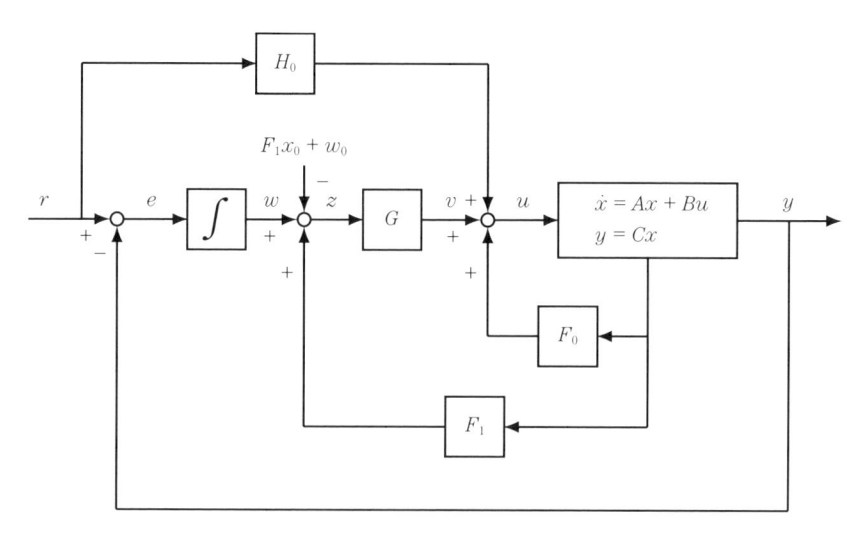

6.5 最適サーボ系の2自由度構成

図6.9 2自由度積分型最適サーボ系

こうして得られた**図 6.9** の制御系

$$\begin{bmatrix} \dot{x}(t) \\ \dot{w}(t) \end{bmatrix} = \begin{bmatrix} A + B(F_0 + GF_1) & BG \\ -C & 0 \end{bmatrix} \begin{bmatrix} x(t) \\ w(t) \end{bmatrix} + \begin{bmatrix} BH_0 \\ I \end{bmatrix} r$$
$$\quad - \begin{bmatrix} BG \\ 0 \end{bmatrix} (F_1 x_0 + w_0),$$
$$y(t) = \begin{bmatrix} C & 0 \end{bmatrix} \begin{bmatrix} x(t) \\ w(t) \end{bmatrix} \tag{6.64}$$

が,制御対象のモデル化誤差や外乱に対して積分型サーボ系として働くためには,安定でなければならない。そのための式 (6.62) のゲイン G のクラスは,等価変換

$$\begin{bmatrix} x \\ z \end{bmatrix} = \begin{bmatrix} I & 0 \\ F_1 & I \end{bmatrix} \begin{bmatrix} x \\ w \end{bmatrix} \tag{6.65}$$

を施すことによって得られる閉ループ系の表現から明らかになる[105]。

$$\begin{bmatrix} \dot{x}(t) \\ \dot{z}(t) \end{bmatrix} = \begin{bmatrix} A+BF_0 & BG \\ 0 & F_1BG \end{bmatrix} \begin{bmatrix} x(t) \\ z(t) \end{bmatrix} + \begin{bmatrix} BH_0 \\ 0 \end{bmatrix} r$$

$$- \begin{bmatrix} BG \\ F_1BG \end{bmatrix} (F_1 x_0 + w_0),$$

$$y(t) = \begin{bmatrix} C & 0 \end{bmatrix} \begin{bmatrix} x(t) \\ z(t) \end{bmatrix} \tag{6.66}$$

すなわち,$A+BF_0$ は安定行列であるから,G を F_1BG が安定行列となるように選ぶことが,この制御系の安定性と等価である.したがって,**図6.9** の制御系を安定にするゲイン G は

$$G = (F_1B)^{-1} \times (安定行列) \tag{6.67}$$

と表せるものである.特に,この安定行列を $-(F_1B)R^{-1}(F_1B)^TW$(W は正定対称行列) と選び

$$G = -R^{-1}(F_1B)^TW \tag{6.68}$$

とすると,制御系の全体もある評価関数に対して,最適レギュレータになることがいえる[104]。

ところで,式 (6.62) の制御則のなかの初期値によって決まる定値項は,一般の状況を考えると必ず必要であるが,目標信号の変化がシステムが定常状態に落ち着いているときのみに起こると仮定すれば,必要ない.つまり

$$v(t) = G\{w(t) + F_1 x(t)\} \tag{6.69}$$

で十分である.この事実は,**図6.6** の制御系について述べたのと同様の方法で示すことができる.

なお,このような2自由度積分型サーボ系のロバスト性については,参考文献[108],[109] で考察されている.

最後に，本節と 6.4 節で紹介した二つのサーボ系の違いについて，少し述べておく。6.4 節のサーボ系は，積分補償器まで含めた拡大系を最適化するものである。それに対して，本節のサーボ系は，積分補償を含まない最適追従系を基本とするもので，外乱や制御対象の記述誤差が存在しないときには，積分補償の効果が現れない 2 自由度系である。目標信号に対する応答特性を重視する場合は，後者が有効である。実際，実システムへの適用例[110),111)]では，そのような目的で使われている。おもに定値外乱の変化に対応する必要がある場合には，前者が有効であろう。

6.6 入出力数が異なる場合の考察

6.5 節までの最適サーボ系や最適追従系の設計では，制御対象の入出力数は同じであると仮定してきた。以下では，入出力数が異なる場合を考える。6.3 節で示したサーボ系の構成可能条件の (3) にもあるように，入出力数が異なる場合のうち，入力数が出力数より少ない場合は，入力の自由度のほうが出力の自由度よりも小さく，一般に目標信号に追従することはできない。したがって，われわれが考えるべきは，入力数が出力数よりも多い場合である。

制御対象の入出力数が同じ場合には，目標信号に制御出力が一致するときの状態や入力の定常値は一意に決まり，それらとの偏差系に最適レギュレータ理論を適用することによって，最適制御則が得られた。しかし，入力数が出力数より多い場合，状態や入力の定常値は一意に定まらない。このとき，その自由度は，最適な応答を実現するように決めるべきである。以下では，このような観点に立った最適追従系の設計法を紹介する[112)]。

制御対象を，状態方程式

$$\dot{x}(t) = Ax(t) + Bu(t),$$
$$y(t) = Cx(t) \tag{6.70}$$

で表す。ここに，x は n 次元状態，u は m 次元操作入力，y は p 次元制御出

力である．そして，入力数が出力数より多い，すなわち，$m > p$ とする．そして，サーボ系の構成可能条件を仮定するとともに，B と C はそれぞれ列フルランク，行フルランクをもつとし，(C, A, B) の組は入力可観測，すなわち

$$\mathrm{rank} \begin{bmatrix} CB \\ CAB \\ CA^2B \\ \vdots \\ CA^{n-1}B \end{bmatrix} = m \tag{6.71}$$

が成り立つとする．この入力可観測性は，どのような方向のインパルス入力も出力に影響を与えることを意味している．

目標信号 $r(p$ 次元$)$ が定値の場合，6.3 節のサーボ系の構成可能条件 (4) は

$$\mathrm{rank} \begin{bmatrix} A & B \\ C & 0 \end{bmatrix} = n + p \tag{6.72}$$

が成立することである．このとき，定常状態において出力 y が定値 r になるような状態と入力の値 x_∞, u_∞ は

$$\begin{bmatrix} A & B \\ C & 0 \end{bmatrix} \begin{bmatrix} x_\infty \\ u_\infty \end{bmatrix} = \begin{bmatrix} 0 \\ I \end{bmatrix} r \tag{6.73}$$

を満たさなければならない．状態と入力について定常値〔式 (6.73) を満たすどれであってもよい〕からの偏差を

$$\tilde{x}(t) = x(t) - x_\infty, \qquad \tilde{u}(t) = u(t) - u_\infty \tag{6.74}$$

とおくと，それらの振る舞いは状態方程式

$$\dot{\tilde{x}}(t) = A\tilde{x}(t) + B\tilde{u}(t),$$
$$e(t) = -C\tilde{x}(t) \tag{6.75}$$

に従う。ここに，e は制御誤差 $e(t) = r - y(t)$ である。

6.5 節と同様に，制御誤差と入力偏差の2次形式評価関数

$$J = \int_0^\infty \{e^T(t)Qe(t) + \tilde{u}^T(t)R\tilde{u}(t)\}\,dt \tag{6.76}$$

を考える。ここで，R と Q は正定な行列とする。積分の下限である初期時刻 $t=0$ は目標信号 r が変化した時刻である。

すでに見てきたように，評価関数 J を式 (6.75) について最小とする操作入力偏差 $\tilde{u}$ は

$$\tilde{u}(t) = F_0 \tilde{x}(t) \tag{6.77}$$

というフィードバック形式で実現できる。ただし

$$F_0 = -R^{-1}B^T P \tag{6.78}$$

である。ここで，P は Riccati 方程式

$$A^T P + PA - PBR^{-1}B^T P + C^T QC = 0 \tag{6.79}$$

の半正定解である。この式 (6.77) のフィードバック則を，操作入力 u について書き直すと

$$u(t) = F_0 x(t) + v_\infty \tag{6.80}$$

となる。ただし

$$v_\infty = -F_0 x_\infty + u_\infty \tag{6.81}$$

である。ところで，式 (6.81) と式 (6.73) 式より

$$\begin{bmatrix} A+BF_0 & B \\ C & 0 \end{bmatrix} \begin{bmatrix} x_\infty \\ v_\infty \end{bmatrix} = \begin{bmatrix} 0 \\ I \end{bmatrix} r \tag{6.82}$$

が成立し，したがって

$$x_\infty = -(A+BF_0)^{-1}Bv_\infty \tag{6.83}$$

$$-C(A+BF_0)^{-1}Bv_\infty = r \tag{6.84}$$

の2式が導ける。ゆえに，x_∞ と u_∞ が式 (6.73) を満たすことと v_∞ が式 (6.84) を満たすことは等価である。式 (6.84) を満たす v_∞ は，入力数が出力数よりも多い場合，一意に定まらず，任意の $(m-p)$ 次元ベクトル η を用いて

$$v_\infty = M^{-R}r + \Gamma\eta \tag{6.85}$$

と表せる。ただし

$$M = -C(A+BF_0)^{-1}B \tag{6.86}$$

であり，M^{-R} は式 (6.72) の仮定のもとで行フルランク p をもつ M の右逆行列，Γ は $(I - M^{-R}M)$ の独立な $(m-p)$ 本の列を集めたものである。よって，式 (6.85) を式 (6.80) 式に代入すると，操作入力 u は

$$u(t) = F_0 x(t) + M^{-R}r + \Gamma\eta \tag{6.87}$$

となる。この制御則のなかの η を任意に設定しても，閉ループ系が漸近安定であることは保証されており，$t \to \infty$ のとき

$$x(t) \to x_\infty, \qquad u(t) \to u_\infty$$

したがって

$$y(t) \to r$$

となる。

それでは，η をどのような値に設定するのがよいか考える。そのために，式 (6.87) の制御則によって得られる式 (6.76) の評価関数の最小値

$$\min_{\tilde{u}} J = \tilde{x}_0^T P \tilde{x}_0 \tag{6.88}$$

を考える. ここに, $\tilde{x}_0$ は $\tilde{x}$ の初期値であり, x の初期値を x_0 とすると

$$\tilde{x}_0 = x_0 - x_\infty \tag{6.89}$$

である. また, 式 (6.83) に式 (6.85) を代入すると

$$x_\infty = \Psi M^{-R} r + \Psi \Gamma \eta \tag{6.90}$$

を得る. ただし

$$\Psi = -(A + BF_0)^{-1} B \tag{6.91}$$

である. したがって, 式 (6.88) は

$$\min_{\tilde{u}} J = (x_0 - \Psi M^{-R} r - \Psi \Gamma \eta)^T P (x_0 - \Psi M^{-R} r - \Psi \Gamma \eta) \tag{6.92}$$

と表せる. そこで, η は任意に選ぶことができるので, $\min_{\tilde{u}} J$ を最小化することを考える.

さて, 制御対象の (C, A, B) の組が入力可観測であるという仮定より, $\Psi^T P \Psi$ は正則であることを示すことができる[112]. したがって, $\Gamma^T \Psi^T P \Psi \Gamma$ も正則であり, $\min_{\tilde{u}} J$ を最小にする η は

$$\eta = (\Gamma^T \Psi^T P \Psi \Gamma)^{-1} \Gamma^T \Psi^T P (x_0 - \Psi M^{-R} r) \tag{6.93}$$

であることを示すことができる. そして, その最小値は

$$\min_\eta \min_{\tilde{u}} J = (x_0 - \Psi M^{-R} r)^T \Big[P - P \Psi \Gamma (\Gamma^T \Psi^T P \Psi \Gamma)^{-1} \Gamma^T \Psi^T P \Big]$$
$$\times (x_0 - \Psi M^{-R} r) \tag{6.94}$$

である. こうして決められた式 (6.93) の η を式 (6.87) に代入して最適制御則として

$$u = F_0 x + H_0 r + K_0 x_0 \tag{6.95}$$

を得る。ただし

$$H_0 = M^{-R} - K_0 \Psi M^{-R} \tag{6.96}$$

$$K_0 = \Gamma(\Gamma^T \Psi^T P \Psi \Gamma)^{-1} \Gamma^T \Psi^T P \tag{6.97}$$

である。これらは M の右逆行列 M^{-R}, $(I - M^{-R}M)$ の独立な列の選び方に依存せずに一意に決まる[112]。

式 (6.95) の制御則を式 (6.70) の制御対象に施すと，その制御系は図 **6.10** のようになる。最適追従系は，状態フィードバックと目標信号からのフィードフォワードに加え，初期状態によって決まる定数項から構成される。この制御則を施すことによって，実際，状態の定常値 x_∞ は式 (6.90) に式 (6.93) を代入したものになる。

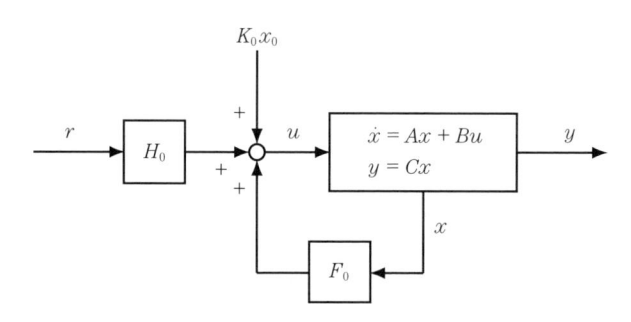

図 6.10 入出力数が異なる場合の最適追従系

入出力数が同じ場合，フィードフォワードゲイン H_0 は，状態フィードバック系の部分の定常ゲインの逆行列となっており，目標信号から制御出力までの定常ゲインが単位行列 I になる。これは追従系がもつべき基本的性質である。図 **6.10** の最適追従系においても目標信号 r から制御出力 y までの定常ゲインは

$$-C(A + BF_0)^{-1} BH_0 = I \tag{6.98}$$

である。これは式 (6.96) と，$M\Gamma = 0$ であることより明らかである。つまり，フィードフォワードゲイン H_0 は状態フィードバック系部の定常ゲインの右逆行列 (の一つ) になっている。

また，同様に初期状態の項 x_0 から制御出力への定常ゲインは

$$-C(A+BF_0)^{-1}BK_0 = 0 \tag{6.99}$$

である。式 (6.98) と式 (6.99) を合わせて考えると，式 (6.95) の最適制御則における定値入力 $K_0 x_0$ は，追従の過渡状態のときにのみ効果が現れ，制御系の定常状態においては，制御出力に影響を与えていないことがわかる。定値入力 $K_0 x_0$ は最適性の追求の結果現れた項なので，追従の過渡状態でのみ効果があるものであり，過渡応答をよくするためにあると解釈できる。

なお，目標信号が変化した場合，一般の状況を考えると定値入力も変えなければならないが，目標信号の変化がシステムが定常状態に落ち着いている状況のみで起こると仮定すれば，定値入力は必要はない。つまり

$$u = F_0 x + H_0 r \tag{6.100}$$

が最適制御則となる。この事実も，6.4 節で述べたのと同様の方法で示すことができる。

なお，以上でまとめた入出力数が異なる場合の最適追従系の設計法は，6.4 節で紹介した積分型最適サーボ系や，6.5 節で紹介した 2 自由度最適サーボ系にも拡張することができる[112]。

＊＊＊＊＊＊＊＊＊ 演 習 問 題 ＊＊＊＊＊＊＊＊＊

【1】 式 (6.12) の拡大系が可安定であることを示せ。

【2】 6.4 節で紹介した積分型最適サーボ系の設計法は，制御対象の入出力が異なる場合，どのように修正すればよいか。6.6 節の最適追従系の設計法を参考に導出せよ。

7
制御系設計例

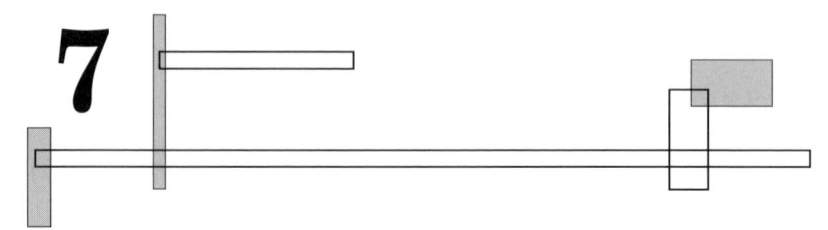

　この章では，本書で解説した制御系設計法のうち，周波数依存型最適レギュレータと2自由度積分型サーボ系の計算例を紹介する．

7.1 周波数依存型最適レギュレータ

　ここでは，周波数依存型最適レギュレータの設計を，大型宇宙構造物の姿勢制御問題を例にとって考える．大型宇宙構造物とは，宇宙に打ち上げられる人工物のなかで，剛体と見なすことができないものを意味する．その空間的サイズにかかわらず，弾性変形をする柔軟な構造物として扱わなければならないものである[113]．

　大型宇宙構造物の動特性は，剛体モードと多数の振動モードを含む．それらをすべて制御するためには，多数のセンサとアクチュエータが必要で，コントローラも高次になり，実際的でない．そこで，姿勢制御のためには，剛体モードと姿勢に大きな影響を与える低いほうからいくつかの振動モードを選び，それらを制御する方針がとられる．これら制御されるモードを制御モードと呼ぶ．しかし，それらを制御するために操作入力を加えると，制御しないつもりの残余モードも励起してしまう．これはスピルオーバと呼ばれ，システムを不安定にする恐れがある．

　その解決法として，操作入力に残余モードの周波数成分をもたせないように

することが考えられる．残余モードは制御モードより高周波であるから，これは高周波成分をもたない操作入力を加えることを意味する．そのために，操作入力に対する重みが高周波で大きくなるような周波数依存型評価関数を用いた最適レギュレータを適用することが考えられる．

制御対象として考えるものは，図 **7.1** のような 2 枚の太陽電池パドルをもった大型人工衛星である．そのロール運動とヨー運動はパドルの曲げ振動と干渉し，その結果，たがいに干渉する．その度合いはパドル回転角によって異なるが，それが最も強い場合の数式モデルとして式 (7.1) が与えられている[68]．

$$\begin{bmatrix} M_s & \Delta\Phi_c \\ \Phi_c{}^T\Delta^T & I_{22} \end{bmatrix} \begin{bmatrix} \ddot{q}(t) \\ \ddot{\eta}(t) \end{bmatrix} + \begin{bmatrix} 0_{2\times 2} & 0_{2\times 22} \\ 0_{22\times 2} & 2\zeta\Omega \end{bmatrix} \begin{bmatrix} \dot{q}(t) \\ \dot{\eta}(t) \end{bmatrix}$$
$$+ \begin{bmatrix} 0_{2\times 2} & 0_{2\times 22} \\ 0_{22\times 2} & \Omega^2 \end{bmatrix} \begin{bmatrix} q(t) \\ \eta(t) \end{bmatrix} = \begin{bmatrix} I_2 \\ 0_{22\times 2} \end{bmatrix} u(t) \qquad (7.1)$$

ただし

$$q = \begin{bmatrix} \theta_R & \theta_Y \end{bmatrix}^T, \qquad u = \begin{bmatrix} u_R & u_Y \end{bmatrix}^T,$$
$$\eta = \begin{bmatrix} \eta_1^1 & \eta_2^1 & \cdots & \eta_{11}^1 & \eta_1^2 & \eta_2^2 & \cdots & \eta_{11}^2 \end{bmatrix}^T,$$
$$\Omega = \mathrm{diag}\{\omega_1 \ \omega_2 \ \cdots \ \omega_{11} \ \omega_1 \ \omega_2 \ \cdots \ \omega_{11}\}$$

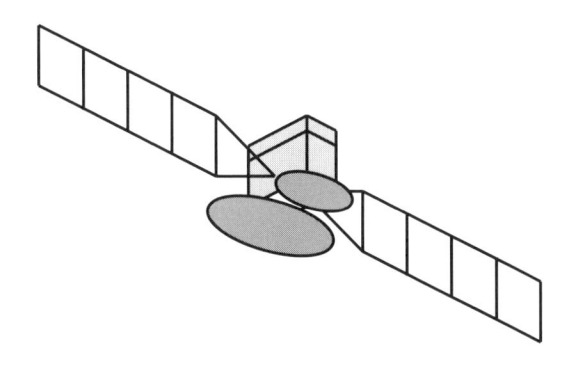

図 **7.1** 大型人工衛星の概念図

である。ここに

- θ_R : 衛星本体のロール角
- θ_Y : 衛星本体のヨー角
- η_j^i : パドル i の j 番目の振動モードの変位
- u_R : ロール方向の制御入力トルク
- u_Y : ヨー方向の制御入力トルク
- M_s : 衛星全体の慣性モーメント $\in R^{2\times 2}$
- Φ_c : パドルのモード形状行列 $\in R^{22\times 22}$
- Δ : 衛星本体とパドル間の干渉を表す行列 $\in R^{2\times 22}$
- ω_j : パドルの j 番目の振動モードの固有振動数
- ζ : パドルの振動モードの減衰係数

で，パラメータの具体的数値は以下のとおりである。

$$M_s = \begin{bmatrix} 1.641 \times 10^4 & 4.500 \times 10^1 \\ 4.500 \times 10^1 & 1.501 \times 10^4 \end{bmatrix},$$

$$\Delta\Phi_c = \left[\begin{array}{cccc} -5.077 \times 10^1 & 5.141 \times 10^1 & 8.765 \times 10^0 & -3.619 \times 10^0 \\ 5.077 \times 10^1 & 5.141 \times 10^1 & -8.765 \times 10^0 & 3.619 \times 10^0 \end{array} \right.$$

$$-3.418 \times 10^0 \quad 3.008 \times 10^0 \quad 2.267 \times 10^0 \quad -1.311 \times 10^0$$

$$-3.418 \times 10^0 \quad 3.008 \times 10^0 \quad -2.267 \times 10^0 \quad 1.311 \times 10^0$$

$$-1.938 \times 10^0 \quad -1.184 \times 10^0 \quad 5.379 \times 10^{-1}$$

$$-1.938 \times 10^0 \quad 1.184 \times 10^0 \quad -5.379 \times 10^{-1}$$

$$5.077 \times 10^1 \quad 5.141 \times 10^1 \quad -8.765 \times 10^0 \quad 3.619 \times 10^0$$

$$-5.077 \times 10^1 \quad 5.141 \times 10^1 \quad 8.765 \times 10^0 \quad -3.619 \times 10^0$$

$$-3.418 \times 10^0 \quad 3.008 \times 10^0 \quad -2.267 \times 10^0 \quad 1.311 \times 10^0$$

$$-3.418 \times 10^0 \quad 3.008 \times 10^0 \quad 2.267 \times 10^0 \quad -1.311 \times 10^0$$

$$\left.\begin{array}{ccc} -1.938\times 10^0 & 1.184\times 10^0 & -5.379\times 10^{-1} \\ -1.938\times 10^0 & -1.184\times 10^0 & 5.379\times 10^{-1} \end{array}\right],$$

$$\begin{aligned}\varOmega = \mathrm{diag}\{&9.067\times 10^{-1},\ 2.320\times 10^0,\ 6.286\times 10^0,\ 1.738\times 10^1,\\ &1.979\times 10^1,\ 3.026\times 10^1,\ 3.111\times 10^1,\ 4.298\times 10^1,\\ &4.974\times 10^1,\ 5.821\times 10^1,\ 6.975\times 10^1,\\ &9.067\times 10^{-1},\ 2.320\times 10^0,\ 6.286\times 10^0,\ 1.738\times 10^1,\\ &1.979\times 10^1,\ 3.026\times 10^1,\ 3.111\times 10^1,\ 4.298\times 10^1,\\ &4.974\times 10^1,\ 5.821\times 10^1,\ 6.975\times 10^1\},\end{aligned}$$

$$\zeta = 0.005$$

いま

$$M = \begin{bmatrix} M_s & \varDelta\varPhi_c \\ \varPhi_c{}^T\varDelta^T & I_{22} \end{bmatrix},\qquad D = \begin{bmatrix} 0_{2\times 2} & 0_{2\times 22} \\ 0_{22\times 2} & 2\zeta\varOmega \end{bmatrix},$$

$$K = \begin{bmatrix} 0_{2\times 2} & 0_{2\times 22} \\ 0_{22\times 2} & \varOmega^2 \end{bmatrix},\qquad L = \begin{bmatrix} I_2 \\ 0_{22\times 2} \end{bmatrix} \tag{7.2}$$

とおき,出力として衛星本体のロール角,ヨー角,および,それらの角速度が観測できるとすると,式 (7.1) の 2 階微分方程式は,状態方程式

$$\begin{aligned}\dot{x}(t) &= Ax(t) + Bu(t),\\ y(t) &= Cx(t)\end{aligned} \tag{7.3}$$

に変換できる。ただし

$$A = \begin{bmatrix} 0_{24\times 24} & I_{24} \\ -M^{-1}K & -M^{-1}D \end{bmatrix},\qquad B = \begin{bmatrix} 0_{24\times 2} \\ M^{-1}L \end{bmatrix},$$

$$C = \begin{bmatrix} I_2 & 0_{2\times 22} & 0_{2\times 2} & 0_{2\times 22} \\ 0_{2\times 2} & 0_{2\times 22} & I_2 & 0_{2\times 22} \end{bmatrix} \tag{7.4}$$

$$x(t) = \begin{bmatrix} q(t) \\ \eta(t) \\ \dot{q}(t) \\ \dot{\eta}(t) \end{bmatrix}, \quad y(t) = \begin{bmatrix} q(t) \\ \dot{q}(t) \end{bmatrix} \tag{7.5}$$

である。

さて,上で述べたように,このシステム全体に対するコントローラを設計することは困難である。ここでは,簡単のため,剛体モードのみを制御モードとし,振動モードはすべて残余モードと考える。すなわち,コントローラ設計用のモデルを

$$M_s \ddot{q}(t) = u(t), \quad y(t) = \begin{bmatrix} q(t) \\ \dot{q}(t) \end{bmatrix} \tag{7.6}$$

とする。これを状態方程式の形に書くと,式 (7.7) のようになる。

$$\dot{x}_s(t) = A_s x_s(t) + B_s u(t),$$
$$y(t) = x_s(t) \tag{7.7}$$

ただし

$$A_s = \begin{bmatrix} 0_{2\times 2} & I_2 \\ 0_{2\times 2} & 0_{2\times 2} \end{bmatrix}, \quad B_s = \begin{bmatrix} 0_{2\times 2} \\ M_s^{-1} \end{bmatrix}, \quad x_s = \begin{bmatrix} q \\ \dot{q} \end{bmatrix}$$

である。このモデルに対して,通常の評価関数と周波数依存型評価関数を考え,最適レギュレータを設計する。まず,通常の評価関数

$$J = \int_0^\infty \{y^T(t)Qy(t) + u^T(t)Ru(t)\}dt \tag{7.8}$$

を考え,その重み行列を

7.1 周波数依存型最適レギュレータ

$$Q = \mathrm{diag}\{q_1 I_2,\ q_2 I_2\}, \qquad R = rI_2 \tag{7.9}$$

とおく．ここに，$q_1 > 0$，$q_2 \geqq 0$，$r > 0$ であり，これらの値を適当に定め，Riccati 方程式

$$A_s^T P_s + P_s A_s - P_s B_s R^{-1} B_s^T P_s + Q = 0 \tag{7.10}$$

の (半) 正定解を求め，最適制御則

$$u(t) = -R^{-1} B_s^T P_s x_s(t) \tag{7.11}$$

を計算する．これは状態フィードバックの形であるが，ここでは状態 x_s が出力 y として観測できているから，出力フィードバック

$$u(t) = -K y(t) \tag{7.12}$$

として実現できる．ただし

$$K = R^{-1} B_s^T P_s$$

である．これを実際のシステムに適用したときの様子を見るために，式 (7.3) の状態方程式モデルに適用して，シミュレーションを行う (図 **7.2**)．状態に適当な初期値を与えたときの零入力応答を見ると，q_1，q_2 を大きく，または，r を小さくしたとき，フィードバックゲインが大きくなって，振動的な成分が大きくなるのがわかる (後出の図 **7.4**)．これは，設計の段階で考慮されていない振動モードが励起されるためである．

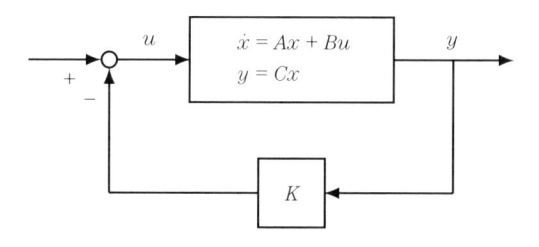

図 **7.2** 通常の評価関数による設計

そこで，振動モードを励起しない入力を発生するように，評価関数として，4章で説明した周波数依存型のものを考える。

$$J = \frac{1}{2\pi}\int_{-\infty}^{\infty}\{\hat{y}^T(-j\omega)Q\hat{y}(j\omega)$$
$$+ \hat{u}^T(-j\omega)D^T(-j\omega)D(j\omega)\hat{u}(j\omega)\}d\omega \tag{7.13}$$

ただし，状態に対する重み行列 Q は式 (7.9) のように定値とする。入力に対する重み行列 $D^T(-j\omega)\ D(j\omega)$ は，式 (7.9) の R を使って

$$D(s) = \frac{s^2 + 0.4s + 0.09}{0.09}R^{1/2} \tag{7.14}$$

で定義されるものを考える。これは，大体 $0.3\,\mathrm{rad/s}$ より低い周波数帯では重み行列が R に等しくなることを意味し，高い周波数では $80\,\mathrm{dB/dec}$ の割合で重みが大きくなることを意味する。この $0.3\,\mathrm{rad/s}$ という値は，振動モードの最も低い周波数が $9.067\times 10^{-1}\,\mathrm{rad/s}$ であることを考慮し，その約 1/3 の周波数から重みが大きくなるように選んだものである。

さて，式 (7.14) の $D(s)$ の逆伝達関数 $D^{-1}(s)$ の状態方程式実現

$$\dot{z}_2(t) = F_2 z_2(t) + G_2 v(t),$$
$$u(t) = H_2 z_2(t) + M_2 v(t) \tag{7.15}$$

の各係数行列 (の 1 組) は

$$F_2 = \begin{bmatrix} 0_{2\times 2} & I_2 \\ -0.09\,I_2 & -0.4\,I_2 \end{bmatrix}, \quad G_2 = \begin{bmatrix} 0_{2\times 2} \\ I_2 \end{bmatrix},$$
$$H_2 = 0.09\,R^{-1/2}\begin{bmatrix} I_2 & 0_{2\times 2} \end{bmatrix}, \quad M_2 = 0_{2\times 2} \tag{7.16}$$

である。これを式 (7.7) の設計用モデルと組み合わせてできる拡大系は

$$\dot{x}_a(t) = A_a x_a(t) + B_a v(t),$$
$$y(t) = C_a x_a(t) \tag{7.17}$$

7.1 周波数依存型最適レギュレータ

となる。ただし

$$A_a = \begin{bmatrix} A_s & B_s H_2 \\ 0_{4\times 4} & F_2 \end{bmatrix}, \qquad B_a = \begin{bmatrix} 0_{4\times 2} \\ G_2 \end{bmatrix},$$

$$C_a = \begin{bmatrix} I_4 & 0_{4\times 4} \end{bmatrix}, \qquad x_a = \begin{bmatrix} x_s \\ z_2 \end{bmatrix}$$

である。

4章で説明したように,式(7.7) のシステムに対して式(7.13) の周波数依存型評価関数を考えることは,この拡大系に対して通常の形の評価関数

$$J = \int_0^\infty \{y^T(t)Qy(t) + v^T(t)v(t)\}dt \tag{7.18}$$

を考えることと等価である。したがって,最適制御則は

$$v(t) = -B_a^T P_a x_a(t) \tag{7.19}$$

のように得られる。ここに,P_a は Riccati 方程式

$$A_a^T P_a + P_a A_a - P_a B_a B_a^T P_a + C_a^T Q C_a = 0 \tag{7.20}$$

の半正定解である。それを係数行列の大きさに従って

$$P_a = \begin{bmatrix} P_{a11} & P_{a12} \\ P_{a12}^T & P_{a22} \end{bmatrix}$$

のようにブロック行列の形に書くと,式(7.19) の制御則は

$$\begin{aligned} v(t) &= -\begin{bmatrix} G_2^T P_{a12}^T & G_2^T P_{a22} \end{bmatrix} \begin{bmatrix} x_s(t) \\ z_2(t) \end{bmatrix} \\ &= -K_y y(t) - K_{z2} z_2(t) \end{aligned} \tag{7.21}$$

のように表せる。ただし

$$K_y = G_2^T P_{a12}^T, \qquad K_{z2} = G_2^T P_{a22}$$

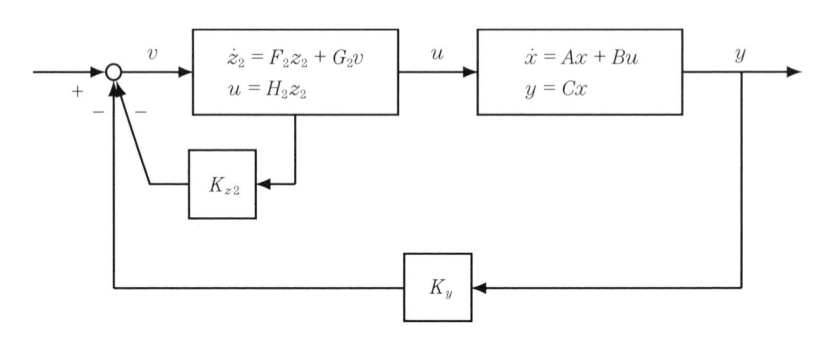

図 7.3 周波数依存型評価関数による設計

である。これを実際のシステムに適用したときの様子を見るために，式 (7.3) の状態方程式モデルに適用して**図 7.3** の閉ループ系を構成し，シミュレーションを行う。状態に適当な初期値を与えたときの零入力応答を通常の評価関数の場合と比較すると，振動モードがあまり励起されていないことがわかるであろう。例えば，**図 7.4** は，$r = 0.01$, $q_1 = q_2 = 10$ の場合の初期条件 $\dot{\theta}_R(0) = 0.0003\,\mathrm{rad/s}$(他

(a) ロール角 θ_R　　　　(b) ヨー角 θ_Y

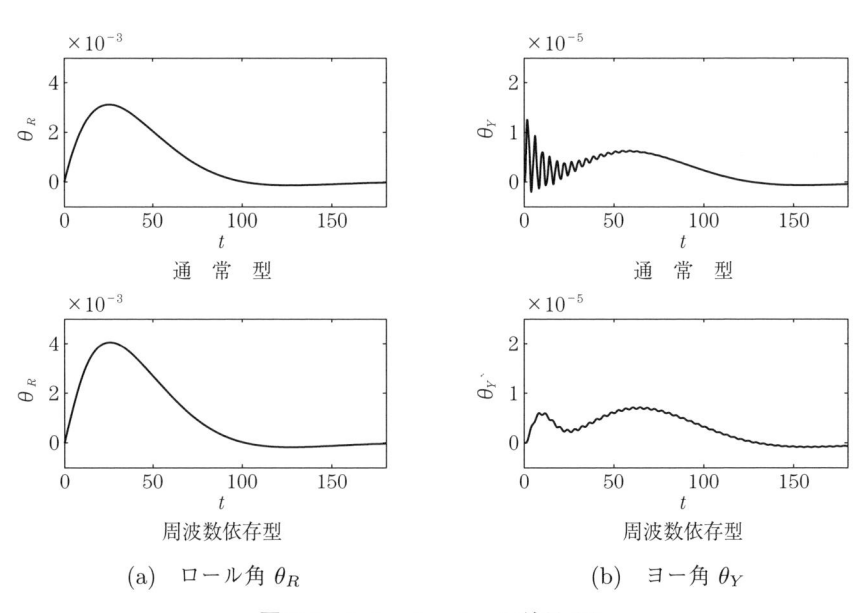

図 7.4 シミュレーション結果 (1)

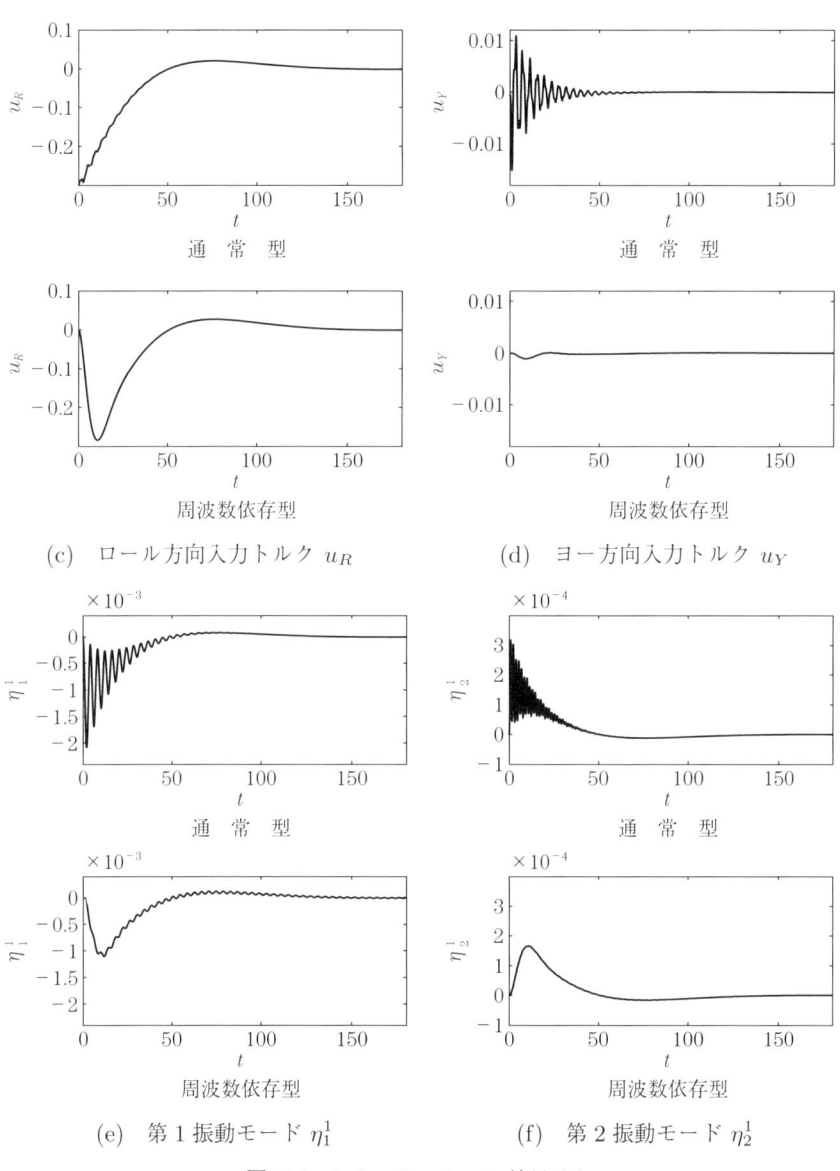

(c) ロール方向入力トルク u_R (d) ヨー方向入力トルク u_Y

(e) 第 1 振動モード η_1^1 (f) 第 2 振動モード η_2^1

図 **7.4** シミュレーション結果 (2)

の変数の初期値はすべて 0) に対する応答の比較である。

7.2 2自由度積分型最適サーボ系

6章で紹介した2自由度制御系としての積分型最適サーボ系では，いわゆるマッチング条件〔下の式 (7.23)〕が成立する場合，制御対象の変動またはモデル化誤差および定値外乱による追従特性の変化を，式 (6.68) のゲインのなかの W の調整により抑制可能である[104),114)]。それは，以下のようにして示すことができる。なお，簡単のため，ここでは，制御系が定常状態において落ち着いているときのみ目標信号が変化すると仮定する。

まず，モデル化誤差が存在した場合の制御対象を

$$\dot{x}(t) = (A + \Delta A)x(t) + Bu(t) + Dd \tag{7.22}$$

とおく。ただし

$$y(t) = Cx(t)$$

である。ここに，ΔA は制御対象の状態方程式における行列 A のモデル化誤差，D は定数行列で

$$\Delta A = B\Delta \tilde{A}, \qquad D = B\tilde{D} \tag{7.23}$$

のように表せると仮定する。ただし，d は定値外乱である。このとき，2自由度積分型最適サーボ系の状態方程式は式 (7.24) のようになる。

$$\begin{bmatrix} \dot{x}(t) \\ \dot{w}(t) \end{bmatrix} = \begin{bmatrix} A + \Delta A + B(F_0 + F_2WF_1) & BF_2W \\ -C & 0 \end{bmatrix} \begin{bmatrix} x(t) \\ w(t) \end{bmatrix}$$

$$+ \begin{bmatrix} BH_0 \\ I \end{bmatrix} r + \begin{bmatrix} D \\ 0 \end{bmatrix} d,$$

$$y(t) = \begin{bmatrix} C & 0 \end{bmatrix} \begin{bmatrix} x(t) \\ w(t) \end{bmatrix} \tag{7.24}$$

ここで
$$\begin{bmatrix} x \\ z \end{bmatrix} = \begin{bmatrix} I & 0 \\ F_1 & I \end{bmatrix} \begin{bmatrix} x \\ w \end{bmatrix} \tag{7.25}$$
なる状態の座標変換を行うと，式 (7.24) は
$$\begin{bmatrix} \dot{x}(t) \\ \dot{z}(t) \end{bmatrix} = \begin{bmatrix} A + BF_0 + \Delta A & BF_2 W \\ F_1 \Delta A & F_1 BF_2 W \end{bmatrix} \begin{bmatrix} x(t) \\ z(t) \end{bmatrix}$$
$$+ \begin{bmatrix} BH_0 \\ 0 \end{bmatrix} r + \begin{bmatrix} D \\ F_1 D \end{bmatrix} d,$$
$$y(t) = \begin{bmatrix} C & 0 \end{bmatrix} \begin{bmatrix} x(t) \\ z(t) \end{bmatrix} \tag{7.26}$$
となる。そして，ε を正の実数として
$$W = \frac{1}{\varepsilon} \widetilde{W} \tag{7.27}$$
とおき，W を大きくしたときの制御系の振る舞いを，ε を 0 へ近づけることにより調べることにする。

いま
$$\tilde{z} = \frac{1}{\varepsilon} z \tag{7.28}$$
とおいて式 (7.26) を書き直せば
$$\begin{bmatrix} \dot{x}(t) \\ \varepsilon \dot{\tilde{z}}(t) \end{bmatrix} = \begin{bmatrix} A + BF_0 + \Delta A & BF_2 \widetilde{W} \\ F_1 \Delta A & F_1 BF_2 \widetilde{W} \end{bmatrix} \begin{bmatrix} x(t) \\ \tilde{z}(t) \end{bmatrix}$$
$$+ \begin{bmatrix} BH_0 \\ 0 \end{bmatrix} r + \begin{bmatrix} D \\ F_1 D \end{bmatrix} d,$$
$$y(t) = \begin{bmatrix} C & 0 \end{bmatrix} \begin{bmatrix} x(t) \\ \tilde{z}(t) \end{bmatrix} \tag{7.29}$$
を得る。

このシステムの振る舞いを特異摂動法[115]により解析する。まず

$$\begin{aligned}\lambda_i(F_1BF_2W) &= \lambda_i(-F_1BR^{-1}B^TF_1^TW) \\ &= \lambda_i(-W^{1/2}F_1BR^{-1}B^TF_1^TW^{1/2}) \\ &< 0 \end{aligned} \tag{7.30}$$

だから,速いサブシステムは安定である。

つぎに,遅いサブシステムの振る舞いを考える。これは

$$\begin{aligned}\dot{x}(t) &= \{A + BF_0 + \Delta A - BF_2W(F_1BF_2W)^{-1}F_1\Delta A\}x(t) + BH_0r \\ &\quad + \{D - BF_2W(F_1BF_2W)^{-1}F_1D\}d, \\ y(t) &= Cx(t) \end{aligned} \tag{7.31}$$

と書ける。ここで,ΔA と D が式 (7.23) のマッチング条件を満たしていることを使うと,ΔA と D の項がすべて消え,式 (7.31) は

$$\begin{aligned}\dot{x}(t) &= (A + BF_0)x(t) + BH_0r, \\ y(t) &= Cx(t)\end{aligned} \tag{7.32}$$

となる。

このことは,式 (7.24) の 2 自由度積分型最適サーボ系の振る舞いを,W を大きくすることにより,積分補償のない最適追従系〔式 (6.50)〕の振る舞いに近づけることができることを意味している。

以上の事実を,簡単な数値例を用いて見てみる。ただし,簡単のため,外乱は省略する。対象システムの行列 A, B, C は

$$A = \begin{bmatrix} 0 & 1 & 0 \\ 0 & 0 & 1 \\ 3+p_1 & 1+p_2 & -3+p_3 \end{bmatrix}, \quad B = \begin{bmatrix} 1 & 0 \\ 0 & 0 \\ 0 & 1 \end{bmatrix},$$

$$C = \begin{bmatrix} 1 & 0 & 0 \\ 0 & 1 & 0 \end{bmatrix} \tag{7.33}$$

とする。ここに，p_1, p_2, p_3 は変動するパラメータであって，その公称値は 0 である。これらが $p_1 = -0.3$, $p_2 = 0.2$, $p_3 = -0.5$ と変化した場合の応答より，W の制御効果を検討する。

まず，積分補償を含まない最適追従系を設計する。式 (6.44) の評価関数 J に含まれる重み行列 Q, R の一つの選択として

$$Q = \mathrm{diag}\{1,\ 7\},$$
$$R = \mathrm{diag}\{0.3,\ 0.3\} \tag{7.34}$$

とする。このときの制御出力 y の応答を図 **7.5** に示す。制御対象の初期状態 x_0 は 0 とした。明らかに，パラメータ変動に対して追従偏差が存在する。

つぎに，目標信号に対する追従特性がこの積分補償のない最適追従系と同じに

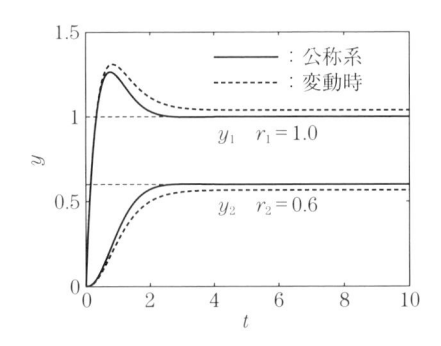

図 **7.5** 最適追従系の応答

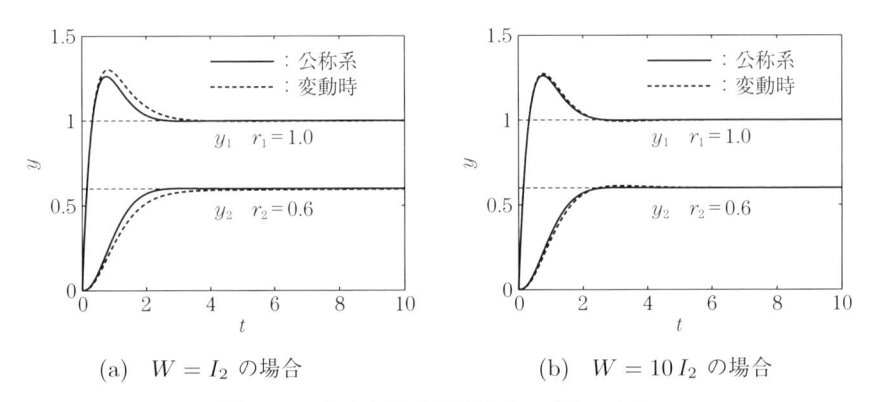

(a) $W = I_2$ の場合

(b) $W = 10\,I_2$ の場合

図 **7.6** 2 自由度積分型最適サーボ系の応答

なるよう，6章で示した手順に従い，積分型最適サーボ系を構成する。式 (6.68) のゲインに含まれる W を $W = I_2$ としたときの制御出力 y の応答を図 **7.6** (a) に示す。この場合は，積分補償の効果が現れ，制御対象が変動しても定常偏差は生じていない。なお，初期時刻において制御系は零状態にあるものとして，積分器の初期値 w_0 は 0 としている。

さらに，W を大きくしたときの効果を見るために，$W = 10\,I_2$ とする。このときの制御出力 y の応答を図 **7.6** (b) に示す。制御対象の変動が制御出力の応答特性に与える影響は，明らかに小さくなっている。すなわちその応答は，公称値に対する積分補償のない最適追従系に近づいている。

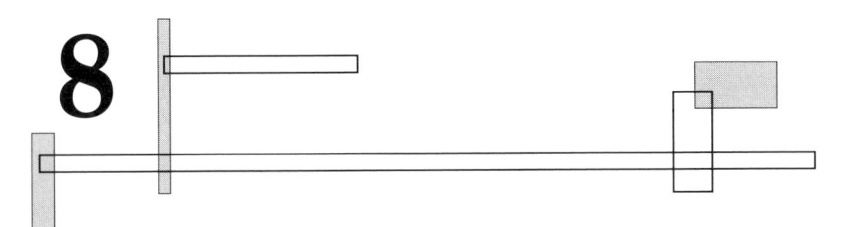

8 キーテクノロジーとしての制御工学

　現在，制御工学はかなり成熟した研究分野と考えられている。学問として，最近，大きな展開がないように見えるからかもしれない。また，企業の現場における制御応用において，制御による改善はすでに尽くされたように見えるかもしれない。

　しかし，地球がこれからも人類が生きていく場であり続けるために，制御工学はもっと発展し，人工物だけでなく，社会や経済のシステムをも対象とする横断型基幹技術として，キーテクノロジーの一翼を担うであろう[27]。また，担うだけの実力を付けなければならない。

8.1　あらゆる分野に必要な制御工学

　制御はあらゆる分野でなくてはならないものである。これまで，例えば鉄鋼，化学，機械，電機など製造業の分野において製品の精密化や歩留まり率の向上，製造工程における省エネルギーなどに大きな貢献をしてきた。また，自動車，航空機，船舶など交通の分野における高速化，省エネルギー，安全性の向上に大きな役割を果たしている。さらに，建築や土木の分野において，建造物の快適性向上や建設中の安全性確保のための制振などに使われている。

　これらの産業において制御が果たしてきた経済効果は計り知れない。そして，これらの産業は今後も社会の重要な位置を占めるのであるから，制御の役割は軽くはならない。確かに，将来は，ナノテクノロジー，バイオサイエンスなど

が産業の一角を大きく占めることになるであろうが，上記の産業がなくなるわけはなく，これら成熟産業において制御のさらなる貢献が期待される。

また，ナノテクノロジーやバイオサイエンスが大きな規模になれば，それは制御工学が活躍する場を増やし，制御工学がこれまで以上に必要になってくる状況が生まれるということでもある。制御工学には，そのような新たな対象に対応する方向性が意図されなければならない。宇宙開発，海洋開発なども制御工学なしでは考えられない。

制御工学の活躍は，医療・福祉の分野でも期待される。新たな医療機器，医療技術の実現と高齢者・障害者の生活を安全かつ快適にするために制御工学が果たす役割は大きい。

以上のように，制御工学は分野を横断する重要な基幹技術であり，それなくしては，各分野の発展もありえないのである。

8.2 人類と地球のために必要な制御工学

経済成長ということを考えたとき，年率3％程度以上でなければ不況であるかのような考えがあるが，3％でも成長が50年間続けば，経済は約4.4倍の規模になる。それまで，現在のままのエネルギー消費，CO_2 や有害物質の排出を続けていけば，地球は人類が住み続けることができない環境になってしまう。それを防ぐには，生活様式や生産物の変更とともに，生産方式や生産物の効率化が必要である。現在，それはすぐに取り掛からなければならない課題である。制御工学によって，いまから年率1％でも環境の改善ができれば，それは人類に対する大きな貢献である。10年後からでは遅いのである。

8.3 視野を広くもって発展

制御工学以外の研究者からの視点として，「制御理論でいう設計は，制御対象は与えられるものとし，それに対して受身で制御器を構成しているように見え

る。制御対象自体の構成にも関与すべきではないか」という意見がある。すなわち，例えば大型の構造物の場合，質量分布がどのようであれば制御によって振動を抑制しやすいか制御理論によってわかるのだから，制御技術者は制御対象自体に対しても積極的に発言すべきではないかということである。この意識は大切であり，制御理論はその方向にもっと展開することが必要である。

　実際の制御問題においては，制御理論に基づく制御アルゴリズムも重要であるが，センサやアクチュエータは時により，もっと重要な役割を果たす。例えば，新たなセンサやアクチュエータの付加は，制御アルゴリズムでは実現できない制御性能を一気に達成する可能性がある。制御理論の開発に携わる研究者，実システムの制御系設計に携わる技術者のいずれも，自分の当面の業務範囲だけの視点にとらわれず，制御を広い視野で見ることが必要である。

　制御理論がその有能さを発揮している範囲はまだ限られている。制御理論には活躍できる場がたくさん残されている。従来の制御理論の成果に引きずられることなく，制御によって何を実現したいかという原点に戻って考えると，大きく展開できるはずである[116],[117]。

□□□□□□□□□ 引用・参考文献 □□□□□□□□□

1) J. T. Tou : Modern Control Theory, McGraw Hill (1964)
2) 北森俊行：現場との整合性を考えた (古典的) 制御系設計理論の再構築, SICE 夏期セミナー'97 − Basic 制御理論− テキスト, pp.27–46 (1997)
3) 池田雅夫：現代制御, SICE 夏期セミナー'97 − Basic 制御理論− テキスト, pp.47–62 (1997)
4) E. J. Routh : A Treatise on the Stability of a Given State of Motion, Macmillan (1877)
5) A. Hurwitz : Über die Bedingungen unter welchen eine Gleichung nur Wurzeln mit negativen reellen Teilen besitzt, Mathematische Annalen, **46**, pp.273–284 (1895)
6) H. Nyquist : Regeneration theory, Bell System Technical Journal, **11**, pp.126–147 (1932)
7) H. W. Bode : Network Analysis and Feedback Amplifier Design, Van Nostrand (1945)
8) J. G. Ziegler and N. B. Nichols : Optimal setting for automatic controller, Trans. ASME, **64**, pp.759–768 (1942)
9) R. E. Kalman : Contributions to the theory of optimal control, Boletin de la Sociedad Matematica Mexicana, **5**, pp.102–109 (1960)
10) R. E. Kalman : A new approach to linear filtering and prediction problems, ASME J. Basic Engineering, **82D**, pp.35–45 (1960)
11) L. A. Zadeh and C. A. Desoer : Linear System Theory, McGraw-Hill (1963)
12) K. Ogata : State Space Analysis of Control Systems, Prentice-Hall (1967)
13) W. M. Wonham : On pole assignment in multi-input controllable linear systems, IEEE Trans. Automatic Control, **AC-12**, pp.660–665 (1967)
14) P. L. Falb and W. A. Wolovich : Decoupling in the design and synthesis of multivariable control systems, IEEE Trans. Automatic Control, **AC-12**, pp.651–659 (1967)
15) B. A. Francis and W. M. Wonham : The internal model principle for linear

multivariable regulators, J. Applied Mathematics and Optimization, **2**, pp.170–194 (1975)
16) E. J. Davison : The robust control of a servomechanism problem for linear time-invariant multivariable systems, IEEE Trans. Automatic Control, **AC-21**, pp.25–34 (1976)
17) G. Zames : Feedback and optimal sensitivity: Model reference transformations, multiplicative seminorms, and approximate inverses, IEEE Trans. Automatic Control, **AC-26**, pp.301–320 (1981)
18) M. Vidyasagar, H. Schneider, and B. A. Francis : Algebraic and topological aspects of feedback stabilization, IEEE Trans. Automatic Control, **AC-27**, pp.880–894 (1982)
19) 前田 肇，杉江俊治：アドバンスト制御のためのシステム制御理論，朝倉書店 (1990)
20) H. Kimura : Robust stabilizability for a class of transfer functions, IEEE Trans. Automatic Control, **AC-29**, pp.788–793 (1984)
21) B. A. Francis and G. Zames : On H^∞-optimal sensitivity theory for SISO feedback systems, IEEE Trans. Automatic Control, **AC-29**, pp.9–16 (1984)
22) 原 辰次：ロバスト制御，SICE 夏期セミナー'97 － Basic 制御理論－ テキスト，pp.63–79 (1997)
23) J. C. Doyle, K. Glover, P. Khargonecker, and B. A. Francis : State-space solutions to standard H_2 and H_∞ control problems, IEEE Trans. Automatic Control, **AC-34**, pp.831–847 (1989)
24) T. Iwasaki and R. E. Skelton : All controllers for the general H_∞ control problem: LMI existence conditions and state space formulas, Automatica, **30**, pp.1307–1317 (1994)
25) P. Gahinet and P. Apkarian : A linear matrix inequality approach to H_∞ control problems, International J. Robust and Nonlinear Control, **4**, pp.421–448 (1994)
26) 岩崎徹也：LMI と制御，昭晃堂 (1997)
27) 日本学術会議 自動制御研究連絡委員会・工学共通基盤研究連絡委員会自動制御学専門委員会 報告：キーテクノロジーとしての制御工学 ― これまでの貢献とこれからの展開 ―，日本学術会議，平成 17 年 5 月 19 日 (2005)
28) 池田雅夫：ファジィ制御への過大な期待に対する疑問，計測と制御，**29**, 8, pp.763–766 (1990)
29) 壷内清彦，池田雅夫：ゴム空気圧駆動型ロボットアームによる倒立振子の制御，

システム制御情報学会論文誌, **3**, 3, pp.76–83 (1990)
30) ブリヂストン：ラバチュエータとロボットへの応用, 技術資料, No.1 (1985)
31) 相良節夫, 秋月影雄, 中溝高好, 片山　徹：システム同定, 計測自動制御学会 (1981)
32) 松村文夫：自動制御, 朝倉書店 (1979)
33) 池田雅夫：モデリングと制御器設計の不可分性, システム/制御/情報, **37**, 1, pp.7–14 (1993)
34) 原　辰次, 萩原朋道：サンプル値制御理論の展開, システム/制御/情報, **41**, 1, pp.12–20 (1997)
35) 川又政征, 樋口龍雄：ディジタルシステム制御における量子化誤差, 計測と制御, **27**, 12, pp.1091–1097 (1988)
36) D. Williamson：Digital Control and Implementation, Prentice Hall (1991)
37) 渡部慶二, 伊藤正美：入・出力にむだ時間を含むシステムの制御, システムと制御, **28**, 5, pp.269–277 (1984)
38) 計測自動制御学会：特集「制御のためのモデリング」, 計測と制御, **37**, 4 (1998)
39) R. E. Skelton：Dynamic Systems Control, John Wiley & Sons (1988)
40) 池田雅夫：Descriptor 形式に基づくシステム理論, 計測と制御, **24**, pp.597–604 (1985)
41) 安田正志, 大坂隆英, 池田雅夫：フィードフォワード制御を併用したアクティブ除振装置の研究, 日本機械学会論文集 (C 編), **58**, 552, pp.2381–2387 (1992)
42) 安田正志, 池田雅夫：ダブルアクティブ制御による除振装置の性能向上 (制御の 2 自由度化), 日本機械学会論文集 (C 編), **59**, 562, pp.1694–1701 (1993)
43) 荒木光彦：2 自由度制御系－I, システムと制御, **29**, 10, pp.549–555 (1985)
44) 原　辰次, 杉江俊治：2 自由度制御系－II, システムと制御, **30**, 8, pp.457–466 (1986)
45) 児玉慎三, 池田雅夫：制御理論と技術, システムと制御, **30**, 1, pp.2–6 (1986)
46) 池田雅夫：線形制御系設計の数学－II：状態方程式による設計, システムと制御チュートリアル講座'86 "制御工学へのガイドライン－制御のための数学を鳥瞰する－" テキスト, pp.39–62 (1986)
47) 西村敏充, 狩野弘之：制御のためのマトリクス・リカッチ方程式, 朝倉書店 (1996)
48) 安藤和昭, 田沼正也, 梶原宏之, 兼田雅弘, 名取　亮, 藤井隆雄：数値解析手法による制御系設計, 計測自動制御学会 (1986)
49) 梶原宏之：制御系 CAD, コロナ社 (1988)
50) 有本　卓：不規則外乱の影響を最小にする最適フィードバック制御, 計測自動

制御学会論文集, **2**, 1, pp.1–7 (1966)

51) J. E. Potter：Matrix quadratic solutions, SIAM Journal of Applied Mathematics, **14**, 3, pp.496–501 (1966)

52) K. Mårtensson：On the matrix Riccati equation, Information sciences, **3**, pp.17–49 (1971)

53) D. L. Kleinman：On an iterative technique for Riccati equation computations, IEEE Trans. Automatic Control, **AC-13**, 1, pp.114–115 (1968)

54) W. M. Wonham：On a matrix Riccati equation of stochastic control, SIAM Journal on Control and Optimization, **6**, 4, pp.681–697 (1968)

55) 児玉慎三，須田信英：システム制御のためのマトリクス理論，計測自動制御学会 (1978)

56) 藤井隆雄：最適レギュレータの逆問題, 計測と制御, **27**, 8, pp.717–726 (1988)

57) M. G. Safonov and M. Athans：Gain and phase margin for multiloop LQG regulators, IEEE Trans. Automatic Control, **AC-22**, 2, pp.173–178 (1977)

58) 池田雅夫：制御系における零点 [III] システム構造と零点, 計測と制御, **29**, 5, pp.441–448 (1990)

59) 川崎直哉，示村悦二郎：指定領域に極を配置する状態フィードバック則の設計法，計測自動制御学会論文集, **15**, 4, pp.451–457 (1979)

60) 市川惇信 (編)：多目的決定の理論と方法，計測自動制御学会 (1980)

61) A. Hotz and R. E. Skelton：A covariance control theory, Int. J. Control, **46**, 1, pp.13–32 (1987)

62) 安田一則：共分散制御，システム/制御/情報, **35**, 6, pp.316–322 (1991)

63) B. D. O. Anderson and J. B. Moore：Linear system optimisation with prescribed degree of stability, Proceedings of the IEE, **116**, 12, pp.2083–2087 (1969)

64) J. C. Doyle and G. Stein：Robustness with observers, IEEE Trans. Automatic Control, **AC-24**, 4, pp.607–611 (1979)

65) J. C. Doyle and G. Stein：Multivariable feedback design: Concepts for a classical/modern synthesis, IEEE Trans. Automatic Control, **AC-26**, 1, pp.4–16 (1981)

66) N. K. Gupta：Frequency-shaped cost functionals: Extension of linear-quadratic-Gaussian design methods, J. Guidance and Control, **3**, 6, pp.529–535 (1980)

67) B. D. O. Anderson and D. L. Mingori：Use of frequency dependence in linear quadratic control problems to frequency-shape robustness, J. Guid-

ance, Control, and Dynamics, **8**, 3, pp.397–401 (1985)
68) 木田　隆, 池田雅夫, 山口　功：高域遮断特性をもたせた最適レギュレータとその大型宇宙構造物の制御への応用, 計測自動制御学会論文集, **25**, 4, pp.448–454 (1989)
69) J. B. Moore and D. L. Mingori：Robust frequency-shaped LQ control, Automatica, **23**, 5, pp.641–646 (1987)
70) 池田雅夫：最適レギュレータ理論－再考, システム/制御/情報, **34**, 6, pp.340–346 (1990)
71) 美多　勉：H_∞ 制御, 昭晃堂 (1994)
72) 細江繁幸, 荒木光彦 (編)：制御系設計, 朝倉書店 (1994)
73) 平井一正, 池田雅夫：非線形制御システムの解析, オーム社, pp.131–132 (1986)
74) 三平満司, 美多　勉：状態空間論による H^∞ 制御の解法, 計測と制御, **29**, 2, pp.129–135 (1990)
75) 木村英紀：LQG から H^∞ へ, 計測と制御, **29**, 2, pp.111–119 (1990)
76) 伊藤正美, 木村英紀, 細江繁幸：線形制御系の設計理論, 計測自動制御学会 (1978)
77) D. G. Luenberger：Observing the state of a linear system, IEEE Trans. Military Electronics, **MIL-8**, 1, pp.74–80 (1964)
78) D. G. Luenberger：An introduction to observers, IEEE Trans. Automatic Control, **AC-16**, 6, pp.596–602 (1971)
79) 岩井善太, 井上　昭, 川路茂保：オブザーバ, コロナ社 (1988)
80) T. E. Fortmann and D. Williamson：Design of low-order observers for linear feedback control laws, IEEE Trans. Automatic Control, **AC-17**, 3, pp.301–308 (1972)
81) 児玉慎三, 須田信英：制御工学者のためのマトリクス理論 (24), システムと制御, **17**, 8, pp.506–514 (1973)
82) 須田信英：制御系における零点 [I], [II], 計測と制御, **29**, 2/3, pp.157–165/245–250 (1990)
83) P. Kudva, N. Viswanadham, and A. Ramakrishna：Observers for linear systems with unknown inputs, IEEE Trans. Automatic Control, **AC-25**, 1, pp.113–115 (1980)
84) 美多　勉：レギュレータおよびオブザーバの応答波形と線形構造, 計測自動制御学会論文集, **14**, 1, pp.19–25 (1978)
85) J. J. Bongiorno and D. C. Youla：On observers in multivariable control systems, Int. J. Control, **8**, 2, pp.221–243 (1968)

86) 有本 卓, ブライアン ポーター：カルマンフィルタを併合した最適レギュレータの動作指標の悪化, 計測自動制御学会論文集, **9**, 4, pp.393–397 (1973)
87) 有本 卓, 青野豊一：オブザーバを併合した最適レギュレータ, 計測自動制御学会論文集, **10**, 3, pp.278–283 (1974)
88) 前田 肇, 日野裕一：n 次元観測器と最小次元観測器の能力の比較, システムと制御, **17**, 4, pp.253–257 (1973)
89) 木村英紀, 杉山 治：完全制御と完全観測を用いたロバスト制御系の設計法, 計測自動制御学会論文集, **18**, 10, pp.955–960 (1982)
90) H. Kimura：A new approach to the perfect regulation and the bounded peaking in linear multivariable control systems, IEEE Trans. Automatic Control, **AC-26**, 1, pp.253–270 (1981)
91) H. K. Khalil：On the robustness of output feedback control methods to modeling errors, IEEE Trans. Automatic Control, **AC-26**, 2, pp.524–526 (1981)
92) H. K. Khalil：A further note on the robustness of output feedback control methods to modeling errors, IEEE Trans. Automatic Control, **AC-29**, 9, pp.861–862 (1984)
93) 内田健康, 山中一雄：状態推定の理論, コロナ社 (2004)
94) R. E. Kalman and R. S. Bucy：New results in linear filtering and prediction theory, Trans. ASME, J. Basic Eng., **83**, pp.95–107 (1961)
95) W. J. Rugh：Linear System Theory (2nd Edition), Prentice-Hall (1996)
96) 有本 卓：カルマン・フィルター, 産業図書 (1977)
97) 北森俊行：PID, I-PD 制御からの発展の道, システムと制御, **27**, 5, pp.287–294 (1983)
98) 須田信英 (著者代表)：PID 制御, 朝倉書店 (1992)
99) 前田 肇：構造をもつシステムに対する Robust 制御, 計測と制御, **20**, pp.680–687 (1981)
100) 池田雅夫：オブザーバとサーボ系, システムと制御チュートリアル講座：制御系設計の理論と演習テキスト, 日本自動制御協会, pp.39–60 (1983)
101) 池田雅夫, 須田信英：積分型最適サーボ系の構成, 計測自動制御学会論文集, **24**, 1, pp.40–46 (1988)
102) 安田一則, 野原龍男, 池田雅夫：最適ロバストサーボ系の構成, 計測自動制御学会論文集, **24**, 8, pp.817–822 (1988)
103) 朴炳植, 鈴木 胖, 藤井克彦：多変数線形最適サーボ系の設計, 計測自動制御学会論文集, **8**, 5, pp.568–575 (1972)

104) 藤崎泰正, 池田雅夫：2自由度積分型最適サーボ系の構成, 計測自動制御学会論文集, **27**, 8, pp.907–914 (1991)
105) 萩原朋道, 大谷昌弘, 荒木光彦：2自由度LQIサーボ系の設計法, システム制御情報学会論文誌, **4**, 12, pp.501–510 (1991)
106) 萩原朋道, 大谷昌弘, 荒木光彦：プラント変数最適な2自由度ロバストサーボ系, 計測自動制御学会論文集, **28**, 1, pp.77–86 (1992)
107) 藤崎泰正, 池田雅夫：最適サーボ系の2自由度構成－参照入力の一般化－, 計測自動制御学会論文集, **28**, 3, pp.343–350 (1992)
108) 金 英福, 池田雅夫, 藤崎泰正：2自由度積分型サーボ系のロバスト安定性と積分補償のハイゲイン化, 計測自動制御学会論文集, **32**, 2, pp.180–187 (1996)
109) 金 英福, 池田雅夫, 藤崎泰正, 小林真樹：可調整ゲインをもつ2自由度積分型サーボ系のロバスト安定性, 計測自動制御学会論文集, **34**, 10, pp.1411–1418 (1998)
110) 藤原幸広, 浜本恭司：FWLQIによる4WSアクチュエータのロバスト制御, HONDA R & D Technical Review, **8**, pp.89–97 (1996)
111) 中本政志：外乱と目標値からのフィードフォワードを持つ2自由度サーボ系の構成と蒸気の圧力・流量制御への応用, システム制御情報学会論文誌, **16**, 3, pp.111–117 (2003)
112) 池田雅夫, 榎木圭一, 藤崎泰正：入出力数が異なるシステムに対する最適追従制御, システム制御情報学会論文誌, **6**, 10, pp.462–470 (1993)
113) 木田 隆：スペースクラフトの制御, コロナ社 (1999)
114) 藤崎泰正, 池田雅夫：2自由度積分型サーボ系における感度改善, 計測自動制御学会論文集, **28**, 9, pp.1135–1137 (1992)
115) P. V. Kokotovic, R. E. O'Malley, Jr., and P. Sannuti：Singular perturbations and order reduction in control theory – An overview, Automatica, **12**, 2, pp.123–132 (1976)
116) 池田雅夫：若い人達へのアドバイス, システムと制御, **31**, 11, p.836 (1987)
117) 池田雅夫：フレッシュマンに贈る言葉－人類と地球になくてはならない制御工学－, 計測と制御, **42**, 4, pp.238–239 (2003)

□□□□□□□□ **演習問題の解答** □□□□□□□□

2 章

【1】 振子の重心回りの回転角は θ であり，振子の重心の水平左方向の位置 x，鉛直上方向の位置 y は，第 1 関節の位置を原点とすれば，それぞれ

$$x = L_1 \sin\psi_1 + L_2 \cos\psi_2 + l \sin\theta$$
$$y = -L_1 \cos\psi_1 + L_2 \sin\psi_2 + l \cos\theta$$

である。このとき，振子の運動エネルギー T，保存力による位置エネルギー U は

$$T = \frac{1}{2}J_p\dot\theta^2 + \frac{1}{2}\dot x^2 + \frac{1}{2}\dot y^2, \qquad U = Mg(y + L_1 - l)$$

と表現できる。また，非保存力の一般化力は，θ, x, y に関してそれぞれ

$$Q_\theta = l(V\sin\theta - H\cos\theta) - \mu\dot\theta, \qquad Q_x = H, \qquad Q_y = V$$

である。そこで，ラグランジュ関数 $L = T - U$ を変分し

$$\frac{d}{dt}\frac{\partial L}{\partial\dot\theta} - \frac{\partial L}{\partial\theta} = Q_\theta, \quad \frac{d}{dt}\frac{\partial L}{\partial\dot x} - \frac{\partial L}{\partial x} = Q_x, \quad \frac{d}{dt}\frac{\partial L}{\partial\dot y} - \frac{\partial L}{\partial y} = Q_y$$

を計算すれば，式 (2.1) ∼ (2.3) を得る。

4 章

【1】 式 (4.25) の Riccati 方程式が，次式のように，二つの半正定解 P_1, P_2 をもったとする。

$$A^T P_1 + P_1 A - P_1 B R^{-1} B^T P_1 + C^T Q C = 0$$
$$A^T P_2 + P_2 A - P_2 B R^{-1} B^T P_2 + C^T Q C = 0$$

これらの差をとる。

$$(A - BR^{-1}B^T P_2)^T(P_2 - P_1) + (P_2 - P_1)(A - BR^{-1}B^T P_2)$$
$$= -(P_2 - P_1)BR^{-1}B^T(P_2 - P_1)$$

4.4節で述べたように，(C, A) が可検出対の場合，半正定解 P_2 によって決まる $A - BR^{-1}B^T P_2$ は安定な行列である．したがって，補足 4D より

$$P_2 - P_1$$
$$= \int_0^\infty e^{(A-BR^{-1}B^T P_2)^T t}$$
$$\times (P_2 - P_1) BR^{-1} B^T (P_2 - P_1) e^{(A-BR^{-1}B^T P_2)t} dt$$

と書くことができ，$P_2 - P_1$ が半正定であるといえる．同じ議論が P_1 と P_2 を逆にしても成立し，したがって，$P_1 = P_2$ と結論できる．

【2】 ハミルトン行列 H の固有値を λ，対応する右固有ベクトルを $\begin{bmatrix} \zeta^T & \eta^T \end{bmatrix}^T$ とすると

$$\begin{bmatrix} A & -BR^{-1}B^T \\ -C^T QC & -A^T \end{bmatrix} \begin{bmatrix} \zeta \\ \eta \end{bmatrix} = \lambda \begin{bmatrix} \zeta \\ \eta \end{bmatrix} \quad \text{(A.1)}$$

が成立する．これを使うと

$$\begin{bmatrix} \eta^T & -\zeta^T \end{bmatrix} \begin{bmatrix} A & -BR^{-1}B^T \\ -C^T QC & -A^T \end{bmatrix} = -\lambda \begin{bmatrix} \eta^T & -\zeta^T \end{bmatrix}$$

の成立が，式 (A.1) とこの式を展開して比較することによっていえる．

【3】【2】 より，仮定のもとで H が虚軸上に固有値をもたないことを示せば十分である．以下，その対偶を示す．いま，$j\omega$ (ω は実数) が H の固有値ならば

$$\begin{bmatrix} A & -BR^{-1}B^T \\ -C^T QC & -A^T \end{bmatrix} \begin{bmatrix} \zeta \\ \eta \end{bmatrix} = j\omega \begin{bmatrix} \zeta \\ \eta \end{bmatrix}$$

が成立する n 次元ベクトル ζ, η が存在する (少なくともどちらか一方は非零)．これは

$$A\zeta - BR^{-1}B^T \eta = j\omega \zeta, \quad -C^T QC\zeta - A^T \eta = j\omega \eta \quad \text{(A.2)}$$

を意味する．そこで，左側の式には左から η^* を掛け，右側の式には左から ζ^* を掛けて両辺の共役転置をとり，これら2式を加え合わせると

$$\eta^* BR^{-1}B^T \eta + \zeta^* C^T QC \zeta = 0$$

を得る．したがって，$B^T \eta = 0$, $C\zeta = 0$ である．式 (A.2) より $A\zeta = j\omega \zeta$, $-A^T \eta = j\omega \eta$ なので

$$\begin{bmatrix} A^T + j\omega I \\ B^T \end{bmatrix} \eta = 0, \quad \begin{bmatrix} A - j\omega I \\ C \end{bmatrix} \zeta = 0$$

を導くことができる。このとき，ζ と η のうち少なくともどちらか一方は非零なので，(A, B) の組が可安定でないか，(C, A) の組が可検出でないことがいえる (補足 4 A 参照)。

【4】 式 (4.43) の Riccati 微分方程式と式 (4.25) の Riccati 代数方程式の差をとると

$$-\frac{d}{dt}(P - \tilde{P}(t))$$
$$= (A - BR^{-1}B^T P)^T (P - \tilde{P}(t)) + (P - \tilde{P}(t))(A - BR^{-1}B^T P)$$
$$+ (P - \tilde{P}(t))BR^{-1}B^T (P - \tilde{P}(t))$$

を得る。この解は形式的に

$$P - \tilde{P}(t) = e^{-(A-BR^{-1}B^T P)^T t}(P - \tilde{P}(0))e^{-(A-BR^{-1}B^T \hat{P})t}$$
$$+ \int_t^0 e^{-(A-BR^{-1}B^T P)^T (t-\tau)}(P - P(\tau))BR^{-1}B^T$$
$$\times (P - P(\tau))e^{-(A-BR^{-1}B^T P)(t-\tau)}d\tau$$

と書ける (補足 4 D 参照)。したがって，初期条件 $\tilde{P}(0) = 0$ に対しては，$P - \tilde{P}(t)$ は半正定である。ゆえに，$\tilde{P}(t)$ の極限 P が P より大きくなることはない。

【5】 引用・参考文献 59) 参照。

5 章

【1】 式 (5.23) を導いた式 (5.22) の座標変換により

$$\begin{bmatrix} U & 0 \\ C & 0 \\ 0 & I_p \end{bmatrix} \begin{bmatrix} A - sI_n \\ C \end{bmatrix} \begin{bmatrix} U & 0 \\ C & \end{bmatrix}^{-1} = \begin{bmatrix} A_{11} - sI_{n-p} & A_{12} \\ A_{21} & A_{22} - sI_p \\ 0 & I_p \end{bmatrix}$$

が成立する。この左辺の両側の行列はともに正則だから，二つの行列

$$\begin{bmatrix} A - sI_n \\ C \end{bmatrix}, \quad \begin{bmatrix} A_{11} - sI_{n-p} \\ A_{21} \end{bmatrix}$$

が列最大ランクをもつことは等価である。したがって，(C, A) の可検出性 (可観測性) と (A_{21}, A_{11}) の可検出性 (可観測性) は等価である (4.12 節の補足 4 A 参照)。

【2】 式 (5.36) の条件のもとで，つぎの関係を用いると，証明できる。

$$\begin{bmatrix} U & 0 \\ C & 0 \\ 0 & I_p \end{bmatrix} \begin{bmatrix} A - sI_n & B \\ C & 0 \end{bmatrix} \begin{bmatrix} U \\ C \\ -B_2^+ A_{21} & 0 & I_p \end{bmatrix}^{-1}$$

$$= \begin{bmatrix} A_{11} - B_1 B_2^+ A_{21} - sI_{n-p} & A_{12} & B_1 \\ (I_p - B_2 B_2^+) A_{21} & A_{22} - sI_p & B_2 \\ 0 & I_p & 0 \end{bmatrix}$$

【3】 行列の組

$$\left(\begin{bmatrix} C & 0 \end{bmatrix}, \begin{bmatrix} A & D \\ 0 & 0 \end{bmatrix} \right)$$

が可検出であるための必要十分条件は

$$\mathrm{rank} \begin{bmatrix} A - sI_n & D \\ 0 & sI_q \\ C & 0 \end{bmatrix} = n + q, \quad \forall s \in \{\text{実部が非負の複素数}\}$$

である。$s \neq 0$ のとき，この行列の左 n 列と右 q 列は独立だから，(C, A) が可検出であるとき，0 以外の実部が非負の複素数に対して，この条件は成立する。$s = 0$ のときにもこの条件が成立することを意味するのが，式 (5.45) の条件である。

6 章

【1】 式 (6.12) の拡大系が可安定であるためには，行列

$$\begin{bmatrix} A - sI_n & 0 & B \\ -LC & J - sI_{pn_r} & 0 \end{bmatrix}$$

が実部が非負のすべての複素数 s に対して行最大ランクをもてばよい (4.12 節の補足 4A 参照)。この条件が J の固有値以外の s について成立することは，この行列の構造と (A, B) の可安定性より，容易にわかる。s が J の固有値の場合については，この行列を

$$\begin{bmatrix} I_n & 0 & 0 \\ 0 & -L & J - sI_{pn_r} \end{bmatrix} \begin{bmatrix} A - sI_n & B & 0 \\ C & 0 & 0 \\ 0 & 0 & I_{pn_r} \end{bmatrix} \begin{bmatrix} I_n & 0 & 0 \\ 0 & 0 & I_m \\ 0 & I_{pn_r} & 0 \end{bmatrix}$$

と書き換えると，サーボ系の構成条件 (4) と (J, L) の可制御性から，行最大ランクをもつことがいえる。

【2】 引用・参考文献 112) 参照。

索　引

【あ】
安定余裕　　　　　　　　　　105

【い】
位相余裕　　　　　　　　　　　50
一巡伝達関数　　　　　49, 51, 66

【え】
H_2 最適制御　　　　　　　　70
H_∞ 制御　　　　　　　　4, 73
LTR　　　　　　　　　　66, 106
円条件　　　　　　　　　　　　49

【お】
オブザーバ　　　　　　22, 66, 84

【か】
可安定　　　　　　　　20, 35, 76
外　乱　　　　　　　　　　　　29
外乱推定オブザーバ　　　　　　95
外乱抑制　　　　　　　　　　　31
可観測　　　　　　　　　　20, 77
拡大系　　　　　　　68, 122, 126
可検出　　　　　　　　20, 35, 77
可制御　　　　　　　　　　20, 76
Kalman フィルタ　　　　84, 106
還送差　　　　　　　　　　　　49
観測出力　　　　　　　　　　　29
感度減少　　　　　　　　　　　50

【き】
既約分解　　　　　　　　　　　3
極指定　　　　　　　　　　78, 99

【け】
ゲイン余裕　　　　　　　　　　50
現代制御　　　　　　　　　　　1

【こ】
古典制御　　　　　　　　　　　1
コンパニオン型　　　　　78, 122

【さ】
サーボ系　　　　　　　　　　115
サーボ補償器　　　　　　　　122
サーボ問題　　　　　　　　　　30
最小位相　　　　　　　　　　　51
最小次元オブザーバ　　　　　　91
最適サーボ系　　　　125, 132, 156
最適推定　　　　　　　　　　108
最適追従系　　　　　　　133, 139
最適レギュレータ　　　　19, 34,
　　　　　　　　　　　101, 112

【し】
実行可能解　　　　　　　　　　60
周波数依存型最適
　　レギュレータ　　　　　70, 146
周波数依存型
　　評価関数　　　　　　　66, 150
状　態　　　　　　　　　　　　1
状態推定　　　　　　　　　　　84
状態フィードバック　　　　20, 37
状態方程式　　　　　　　　2, 17

【す】
推定誤差　　　　　　　　　　　96

【せ】
制御出力　　　　　　　　　　　29
正　実　　　　　　　　　　　　53
積分型サーボ系　　　　　130, 137
積分補償器　　　　　　　　　126

【そ】
操作入力　　　　　　　　　　　29
双　対　　　　　　　　　　　113

【つ】
追従制御　　　　　　　　　　　30

【と】
同一次元オブザーバ　　　89, 114
トラッキング　　　　　　　　　30

【な】
内部モデル原理　　　　　115, 119

【に】
2 自由度制御系　　　　　132, 156

【は】
Parseval の等式　　　　　67, 74
ハミルトン行列　　　　　　　　45

【ひ】
評価関数　　　　　　37, 57, 66, 127
非劣解　　　　　　　　　　　　59

【ふ】
フィードバック　　　　　　　　32
フィードフォワード　32, 115,

130, 133

【み】

未知外乱オブザーバ 94
未知入力オブザーバ 93

【も】

モデリング 5, 7, 26

【ゆ】

有限時間最適レギュレータ 48, 63

【り】

リアプノフ微分方程式 80
リアプノフ方程式 40, 79
Riccati 微分方程式 47, 109

Riccati 方程式 41, 75, 128

【れ】

レギュレーション 30

【ろ】

ロバスト安定 31, 50, 106
ロバスト制御 2, 31

―― 著者略歴 ――

池田　雅夫（いけだ　まさお）
1969年　大阪大学工学部通信工学科卒業
1971年　大阪大学大学院工学研究科修士課程
　　　　修了（通信工学専攻）
1973年　大阪大学大学院工学研究科博士課程
　　　　中途退学（通信工学専攻）
　　　　神戸大学助手
1975年　工学博士（大阪大学）
　　　　神戸大学講師
1976年　神戸大学助教授
1990年　神戸大学教授
1995年　大阪大学教授
2010年　大阪大学名誉教授
その後，大阪大学特任教授，副学長等を歴任
リサーチ・アドミニストレーターの育成・普及
活動に従事して，現在に至る

藤崎　泰正（ふじさき　やすまさ）
1986年　神戸大学工学部システム工学科卒業
1988年　神戸大学大学院工学研究科修士課程
　　　　修了（システム工学専攻）
1988年　（株）神戸製鋼所電子技術研究所勤務
1991年　神戸大学助手
1994年　博士（工学）
1996年　神戸大学助教授
2007年　神戸大学准教授
2010年　大阪大学教授
　　　　現在に至る

多変数システム制御
Control of Multivariable Systems

© Masao Ikeda, Yasumasa Fujisaki　2010

2010 年 5 月 24 日　初版第 1 刷発行
2022 年 6 月 30 日　初版第 3 刷発行

検印省略	著　者	池　田　　雅　夫
		藤　崎　　泰　正
	発行者	株式会社　コロナ社
		代表者　牛来真也
	印刷所	三美印刷株式会社
	製本所	有限会社　愛千製本所

112−0011　東京都文京区千石 4−46−10
発 行 所　株式会社　コ ロ ナ 社
CORONA PUBLISHING CO., LTD.
Tokyo Japan
振替 00140−8−14844・電話(03)3941−3131(代)
ホームページ　https://www.coronasha.co.jp

ISBN 978−4−339−03309−0　C3353　Printed in Japan　　（齋藤）

JCOPY　＜出版者著作権管理機構　委託出版物＞
本書の無断複製は著作権法上での例外を除き禁じられています。複製される場合は，そのつど事前に，出版者著作権管理機構（電話 03-5244-5088，FAX 03-5244-5089，e-mail: info@jcopy.or.jp）の許諾を得てください。

本書のコピー，スキャン，デジタル化等の無断複製・転載は著作権法上での例外を除き禁じられています。購入者以外の第三者による本書の電子データ化及び電子書籍化は，いかなる場合も認めていません。
落丁・乱丁はお取替えいたします。

計測・制御テクノロジーシリーズ

(各巻A5判,欠番は品切または未発行です)

■計測自動制御学会 編

配本順			頁	本体
1. (18回)	計測技術の基礎(改訂版) ―新SI対応―	山﨑 弘郎／田中 充 共著	250	3600円
2. (8回)	センシングのための情報と数理	出口 光一郎／本多 敏 共著	172	2400円
3. (11回)	センサの基本と実用回路	中沢 信明／松井 利一／山田 功 共著	192	2800円
4. (17回)	計測のための統計	寺本 顕武／椿 広計 共著	288	3900円
5. (5回)	産業応用計測技術	黒森 健一 他著	216	2900円
6. (16回)	量子力学的手法によるシステムと制御	伊丹・松井／乾・全 共著	256	3400円
7. (13回)	フィードバック制御	荒木 光彦／細江 繁幸 共著	200	2800円
9. (15回)	システム同定	和田・奥／田中・大松 共著	264	3600円
11. (4回)	プロセス制御	高津 春雄 編著	232	3200円
13. (6回)	ビークル	金井 喜美雄 他著	230	3200円
15. (7回)	信号処理入門	小畑 秀文／浜田 望／田村 安孝 共著	250	3400円
16. (12回)	知識基盤社会のための人工知能入門	國藤 進／中田 豊久／羽山 徹彩 共著	238	3000円
17. (2回)	システム工学	中森 義輝 著	238	3200円
19. (3回)	システム制御のための数学	田村 捷利／武藤 康彦／笹川 徹史 共著	220	3000円
21. (14回)	生体システム工学の基礎	福岡 豊／内山 孝憲／野村 泰伸 共著	252	3200円

定価は本体価格+税です。
定価は変更されることがありますのでご了承下さい。

図書目録進呈◆

ロボティクスシリーズ

（各巻A5判，欠番は品切です）

- ■編集委員長　有本　卓
- ■幹　　　事　川村貞夫
- ■編集委員　石井　明・手嶋教之・渡部　透

配本順	書名	著者	頁	本体
1. (5回)	ロボティクス概論	有本　卓編著	176	2300円
2. (13回)	電気電子回路 ―アナログ・ディジタル回路―	杉田・山中・西 克彦・進・聡 共著	192	2400円
3. (17回)	メカトロニクス計測の基礎（改訂版）―新SI対応―	石井・木股・金子 明・雅章・透 共著	160	2200円
4. (6回)	信号処理論	牧川方昭著	142	1900円
5. (11回)	応用センサ工学	川村貞夫編著	150	2000円
6. (4回)	知能科学 ―ロボットの"知"と"巧みさ"―	有本　卓著	200	2500円
7. (18回)	モデリングと制御	平井・坪内・井下・秋 慎一・孝司・貞・夫 共著	214	2900円
8. (14回)	ロボット機構学	永井・土橋 清・宏規 共著	140	1900円
9.	ロボット制御システム	野田哲男編著		
10. (15回)	ロボットと解析力学	有本・田原 卓・健二 共著	204	2700円
11. (1回)	オートメーション工学	渡部　透著	184	2300円
12. (9回)	基礎福祉工学	手嶋・米本・相川・相良・糟谷 教之・孝二・清・佐訓・紀 共著	176	2300円
13. (3回)	制御用アクチュエータの基礎	川野・野田・所村・早川・松浦 貞・恭・夫・誠諭・弘裕 共著	144	1900円
15. (7回)	マシンビジョン	石井・斉藤 明・文彦 共著	160	2000円
16. (10回)	感覚生理工学	飯田健夫著	158	2400円
17. (8回)	運動のバイオメカニクス ―運動メカニズムのハードウェアとソフトウェア―	牧川・吉田 方正・昭樹 共著	206	2700円
18. (16回)	身体運動とロボティクス	川村貞夫編著	144	2200円

定価は本体価格＋税です。
定価は変更されることがありますのでご了承下さい。

図書目録進呈◆

機械系 大学講義シリーズ

（各巻A5判，欠番は品切または未発行です）

■編集委員長　藤井澄二
■編集委員　臼井英治・大路清嗣・大橋秀雄・岡村弘之
　　　　　　黒崎晏夫・下郷太郎・田島清灝・得丸英勝

配本順			頁	本体
1. (21回)	材料力学	西谷弘信著	190	2300円
3. (3回)	弾性学	阿部・関根共著	174	2300円
5. (27回)	材料強度	大路・中井共著	222	2800円
6. (6回)	機械材料学	須藤一著	198	2500円
9. (17回)	コンピュータ機械工学	矢川・金山共著	170	2000円
10. (5回)	機械力学	三輪・坂田共著	210	2300円
11. (24回)	振動学	下郷・田島共著	204	2500円
12. (26回)	改訂 機構学	安田仁彦著	244	2800円
13. (18回)	流体力学の基礎（1）	中林・伊藤・鬼頭共著	186	2200円
14. (19回)	流体力学の基礎（2）	中林・伊藤・鬼頭共著	196	2300円
15. (16回)	流体機械の基礎	井上・鎌田共著	232	2500円
17. (13回)	工業熱力学（1）	伊藤・山下共著	240	2700円
18. (20回)	工業熱力学（2）	伊藤猛宏著	302	3300円
20. (28回)	伝熱工学	黒崎・佐藤共著	218	3000円
21. (14回)	蒸気原動機	谷口・工藤共著	228	2700円
23. (23回)	改訂 内燃機関	廣安・寳諸・大山共著	240	3000円
24. (11回)	溶融加工学	大中・荒木共著	268	3000円
25. (29回)	新版 工作機械工学	伊東・森脇共著	254	2900円
27. (4回)	機械加工学	中島・鳴瀧共著	242	2800円
28. (12回)	生産工学	岩田・中沢共著	210	2500円
29. (10回)	制御工学	須田信英著	268	2800円
30.	計測工学	山本・宮城・臼井・高辻・榊原共著		
31. (22回)	システム工学	足立・酒井・髙橋・飯國共著	224	2700円

定価は本体価格+税です。
定価は変更されることがありますのでご了承下さい。

図書目録進呈◆

メカトロニクス教科書シリーズ

(各巻A5判，欠番は品切です)

■編集委員長　安田仁彦
■編集委員　末松良一・妹尾允史・高木章二
　　　　　　藤本英雄・武藤高義

配本順			頁	本体
1.（18回）	新版 メカトロニクスのための 電子回路基礎	西堀賢司 著	220	3000円
2.（3回）	メカトロニクスのための 制御工学	高木章二 著	252	3000円
3.（13回）	アクチュエータの駆動と制御（増補）	武藤高義 著	200	2400円
4.（2回）	センシング工学	新美智秀 著	180	2200円
6.（5回）	コンピュータ統合生産システム	藤本英雄 著	228	2800円
7.（16回）	材料デバイス工学	妹尾允史・伊藤智徳 共著	196	2800円
8.（6回）	ロボット工学	遠山茂樹 著	168	2400円
9.（17回）	画像処理工学（改訂版）	末松良一・山田宏尚 共著	238	3000円
10.（9回）	超精密加工学	丸井悦男 著	230	3000円
11.（8回）	計測と信号処理	鳥居孝夫 著	186	2300円
13.（14回）	光工学	羽根一博 著	218	2900円
14.（10回）	動的システム論	鈴木正之他 著	208	2700円
15.（15回）	メカトロニクスのための トライボロジー入門	田中勝之・川久保洋二 共著	240	3000円

定価は本体価格+税です。
定価は変更されることがありますのでご了承下さい。

図書目録進呈◆

システム制御工学シリーズ

（各巻A5判，欠番は品切です）

■編集委員長　池田雅夫
■編集委員　足立修一・梶原宏之・杉江俊治・藤田政之

配本順		書名	著者	頁	本体
2.	（1回）	信号とダイナミカルシステム	足立修一 著	216	2800円
3.	（3回）	フィードバック制御入門	杉江俊治・藤田政之 共著	236	3000円
4.	（6回）	線形システム制御入門	梶原宏之 著	200	2500円
6.	（17回）	システム制御工学演習	杉江俊治・梶原宏之 共著	272	3400円
8.	（23回）	システム制御のための数学（2） ―関数解析編―	太田快人 著	288	3900円
9.	（12回）	多変数システム制御	池田雅夫・藤崎泰正 共著	188	2400円
10.	（22回）	適応制御	宮里義彦 著	248	3400円
11.	（21回）	実践ロバスト制御	平田光男 著	228	3100円
12.	（8回）	システム制御のための安定論	井村順一 著	250	3200円
13.	（5回）	スペースクラフトの制御	木田 隆 著	192	2400円
14.	（9回）	プロセス制御システム	大嶋正裕 著	206	2600円
15.	（10回）	状態推定の理論	内田健康・山中一雄 共著	176	2200円
16.	（11回）	むだ時間・分布定数系の制御	阿部直人・児島晃 共著	204	2600円
17.	（13回）	システム動力学と振動制御	野波健蔵 著	208	2800円
18.	（14回）	非線形最適制御入門	大塚敏之 著	232	3000円
19.	（15回）	線形システム解析	汐月哲夫 著	240	3000円
20.	（16回）	ハイブリッドシステムの制御	井村順一・東俊一・増淵泉 共著	238	3000円
21.	（18回）	システム制御のための最適化理論	延山英沢・瀬部昇 共著	272	3400円
22.	（19回）	マルチエージェントシステムの制御	東俊一・永原正章 編著	232	3000円
23.	（20回）	行列不等式アプローチによる制御系設計	小原敦美 著	264	3500円

定価は本体価格＋税です。
定価は変更されることがありますのでご了承下さい。

図書目録進呈◆